KLEINE TEXTE FÜR VORLESUNGEN UND ÜBUNGEN
HERAUSGEGEBEN VON HANS LIETZMANN

168

DIE ALPHABETISCHEN KEILSCHRIFTTEXTE VON RAS SCHAMRA

HERAUSGEGEBEN

VON

HANS BAUER

BERLIN
VERLAG VON WALTER DE GRUYTER & CO.
1936

Archiv-Nr. 33 32 36

Vorwort.

Die vorliegende Ausgabe enthält alle alphabetischen Keilschrifttexte von Ras Schamra, dem alten Ugarit, die bis zum Ende des Jahres 1935 bekannt geworden sind[1]). Sie entstammen sämtlich den Grabungen von Schaeffer und Chenet und sind in der Zeitschrift Syria veröffentlicht worden, die allermeisten von Virolleaud, nur Nrr. 51 u. 52 von Dhorme und Nr. 61 von Dussaud. Hinsichtlich der Funde des Jahres 1929 (Nr. 1—48), die der Entzifferung zugrunde lagen, ergeben sich hier mancherlei Abweichungen von Virolleaud's Autographie in Syria X (1930) Pl. LXI—LXXV. Für die Begründung derselben sowie die Zusammengehörigkeit der Nrr. 8 + 31[2]), 11 + 38, 13 + 43, 48 + 23 sei auf meine „Entzifferung der Keilschrifttafeln von Ras Schamra"

---

[1]) Um die Jahreswende sind zwei weitere Ausgaben erschienen, die eine im Dezember 1935 von J. A. Montgomery und Z. S. Harris: The Ras Shamra Mythological Texts, die also nur die mythologischen Texte enthält, die andere im Januar 1936 von H. L. Ginsberg: כתבי אוגרית (The Ugarit Texts), wo nur die ḫurritischen Texte ausgelassen sind.

Der Ordnung halber sei hier bemerkt, daß das Manuskript dieser Ausgabe schon im Sommer 1935 in die Druckerei ging, daß jedoch der Druck aus technischen Gründen sich verzögerte.

[2]) Die Zweifel Ginsbergs (כתבי אוגרית, S. 87, Note 1) sind unbegründet. Wie mir Dussaud auf mein Befragen neuerdings versichert, stimmen sowohl Material wie Duktus bei Nr. 8 und 31 völlig überein. Nur hinsichtlich der Zeilenführung bestehen die S. 11 angegebenen Möglichkeiten.

(1930) verwiesen, verschiedene Ergänzungen dazu in „Alphabet von Ras Schamra“ (1932), für einige Stellen ist aber erst hier die richtige Lesung eingesetzt, man beachte besonders die neue Gottheit *xlmt* 1_{19}, 3_{28} und *btlt* ‹*nt tptr*‹ *ṡd*[*h*?] „die Jungfrau ʿAnat entblößte die [ihre] Brust“ 6_{19}.

Der Hauptzweck der Ausgabe ist, einen verläßlichen und bequem benutzbaren Text zu bieten. Es wurde daher auch versucht, die Texte, soweit sie gut erhalten sind, entgegen der Zeilenführung des Originals nach Möglichkeit sinngemäß abzuteilen, doch erhebt diese Einteilung keineswegs den Anspruch, überall endgültig zu sein. Besondere Sorgfalt wurde darauf verwendet, den Umfang der leider recht zahlreichen Lücken möglichst genau anzugeben, um eine sichere Unterlage für etwaige Ergänzungen zu bieten. Jedes - bedeutet einen fehlenden Buchstaben, bei größeren Lücken ist die Genauigkeit naturgemäß nur eine annähernde. Man wird finden, daß mancher Ergänzungsversuch schon darum hinfällig ist, weil er auf die Größe der vorhandenen Lücke keine Rücksicht nimmt. Da das Verständnis der Texte an vielen Stellen noch recht unvollkommen ist — jedenfalls viel unvollkommener als die vorhandenen Übersetzungsversuche erkennen lassen — und überdies ein großer Teil des Materials noch aussteht, so wurde bei den Anmerkungen der Hauptwert auf den Nachweis der Parallelstellen gelegt, die verschiedenen Interpretationsmöglichkeiten aber nicht erörtert. Es erschien mir richtiger, bei dem gegenwärtigen Stand der Forschung und der bestehenden Gefahr des Irrtums eher zu wenig zu geben als zu viel.

Die Bezeichnung der einzelnen Tafeln mußte angesichts der zahlreichen Verweise möglichst kurz und unmißverständlich gehalten werden. Das ist hier so geschehen, daß die mehrkolumnigen Tafeln, die durchweg zum Baʿal-Mythos gehören, einfach mit den Buchstaben A—D bezeichnet wurden, alle übrigen Tafeln aber mit arabischen Zahlen. So hat denn auch die früher von mir (auch von Montgomery) C, von anderen SS genannte einkolumnige Tafel „La naissance des dieux gracieux et beaux" hier die ausgezeichnete Zahl 60 erhalten.

Zur Einrichtung des Druckes ist noch folgendes zu bemerken: Unsichere Zeichen sind *kursiv* gedruckt oder, wo solches nicht möglich ist, durch untergesetztes ̥ bezeichnet: ʿ̥, .̥; ̥̄ bedeutet unsichere Lücke. — (b/d), (ṣ/l) usw. besagt, daß der fragliche Buchstabe b oder d, ṣ oder l sein kann. — [ ] bedeutet Ergänztes, ⟨ ⟩ vom Schreiber versehentlich Ausgelassenes.

Die einzelnen Wörter sind im Original, wie auch in den ältesten phönikischen Inschriften, in der Regel durch einen senkrechten Strich getrennt, nicht selten ist der Trenner jedoch ausgelassen, ja es gibt einige Tafeln (Nr. 7, 51, 53), wo er vollständig fehlt. Da der ständig gesetzte Trenner in der Umschrift störend wirkt, so steht er hier nur in einigen besonderen Fällen der Deutlichkeit wegen, sonst ist er durchweg durch Spatium ersetzt, der fehlende Trenner hingegen durch einen Punkt, bt | mlk des Originals erscheint demnach hier als bt mlk, btmlk als bt · mlk. Damit dürfte sowohl der Lesbarkeit als auch der getreuen Wiedergabe des Originals gedient sein.

Halle, den 14. Mai 1936,
dem 7. Jahrestag des ersten Keilschriftfundes
in Ras Schamra.

H. B.

Inhalt.

Nr. 1.

Opferbestimmungen.

dqt ŝʿ ynt ŝʿm dqt ŝʿm
mtntmnkbd[a] ʾlp š lȝl
gdlt ȝlhm ŝkmn wšnm[b] · dqt
[r]šp dqt šrp · wšlmm dqtm
[ȝl]h ʾlp · wš · ȝlhm gdl[t] ȝlhm
[b]ʿl · š ʾŝrt š ŝkmn · wšn[m] š ı
ʿnt š ršp š dr[c] · ȝl · wp[g]r · bʿl ı
gdlt šlm gdlt wbʒrm (d/ʒ/l)*b*
rmṣt ȝlhm bʿlm dŝt wkšm ḫmš
ʿšrh mlʒn[d] šnpt[e] ḫṣth[f] bʿl · ṣpn · š
- - ŝ · š ȝlt mgdl · š ȝlt ʾsrm · š
*wl*ll[g] špš[h] · pgr[h'] wŝrmnm[i] bt · mlk
ȝlhm gdlt ʒšḫr*y*[j] gdlt ym[k] · gdlt
bʿl gdlt yrḫ gdlt
gdlt[l] ŝkmn gdlt pdry[m] gdlt dqt[n]
dqt *ŝ*rŝ dqt
- -(h/p) ʿnt *g*bl*y* dbḥm š[p]š · pgr
ʾ̥lt ȝltm*y* nqtm d[q]tm
- - ı *rŝ*- · gdlt wlxl*mt*[o] · š

---

1. [a] Wohl *mtn · tm · nkbd.* [b] Über das Götterpaar Ŝkmn (= Šukamuna) w Šnm vgl. ZAW 10 N. F. 99. [c] Vgl. *dr bn ȝl* 2 14. 25. 34 und 51 2. [d] ʒ mit nur zwei senkrechten Keilen. [e] Vgl. akk. *šinipat* = ⅔, obwohl man eher *ŝ* erwarten sollte. [f] Wohl חצתה „seine Hälfte". [g] *lll* auch 22 9 und 23 7. [h] *Špš* ist die Sonnengöttin = שמש. [h'] Vgl. *dgn pgr* 61 A. [i] *ŝrmn* auch 2 19, 19 18, 34 8, A VI 57. [j] Wohl die Göttin Išḫara. Das Suffix *-y* auch bei den Götternamen *Pdr(y)*, *Rḥm(y)*, *ʾrṣ(y)*. [k] Gottheit *Ym* wohl „Tag". [l] Vielleicht Dittographie. [m] Vgl. Anm. j. [n] Man erwartet statt des ersten *dqt* einen Gottesnamen. [o] Vgl. *xlmt* B VII 54 und 3 25; *xlmt* also hier eine Göttin, der geopfert wird.

20 [w]*p*ʾmt[p] šlšm wyrdt *m*dbḥt[q]
gdlt lbʿlt · bhtm[r] ʿṣrm[s]
lʾnš ʾlm

Nr. 2.

Anscheinend eine Liturgie aus Anlaß der Bedrängung der Stadt Ugarit durch Feinde. Das Ganze besteht aus einer Einleitung (1—3) und vier Teilen. Im zweiten und vierten Teil werden nach Ausweis der Pronomina *-kn* und der Verbformen (*ʾtḫṭʾn* und *tqṭṭn*) Frauen angeredet, im dritten und wahrscheinlich auch ersten Teil (4—9) dagegen Männer (*-km* und *tqṭṭ*). Die Gliederung der einzelnen Abschnitte ist durch den Druck kenntlich gemacht. Man beachte, daß dem *ʾtḫṭʾn* in Teil II *ʾšn* in Teil IV entspricht.

1 [ ]
2 [ ]rbn
3 [ ]

---

4 [ ]wnpy
5 [ ]y ʾgrt
6 [ ]y
7 [ ]
8 [ ]
9 [ ]ṭ

---

10 - - - - - - - - - - - - - - - - -
[w n]py | - - - - - - - -mhnš 11 - - - -
w n[py] - - - - - -
ʾtḫṭ[ʾn]
[ʾlp - -]y 12 ʾlp[a] ddmy ʾl[p ḫry]
[ʾl]p ḫty ʾlp[ʾlšy ʾlp] šbr
13 ʾlp ḫbtkn[b] ʾlp md[llk]n[c]. ʾlp m - - - -

---

p *pʾmt* von פעם, vgl. *šbʿ pʾmt* 5_{26} und Alphabet, S. 75. q *mdbḥt* 3_{24}, 6_{16}. r Zum *h* in *bhtm* (= בתים) vgl. Alphabet, S. 35. s *ʿṣr* = Vogel (Dhorme).

2. a Vgl $55_{19.33}$: *ʾlp pl s×sr*. b *ḫbt* = *ḫābit-*. c *mdll* =

14 ȝtẖṭɜn
b ɔpkn ȝbqṭt · np[škn ȝbqṭt] 15 tqṭṭn[d].
ȝtẖṭɜn l[d]bḥ[m[e]]
wl · śʿ d[bḥn ndbḥ]
16 hw śʿ nśʿy hw nkt n[k]t[f]
ytšɜ [lɔb bn ɜl] 17 ytšɜ ldr bn · ɜl[g]
l mpẖrt bn [ɜl] - - - - -

---

18 wšqrb śr mšrmšr[h] [b]n ȝgrt
w[npy] - - - - - -tmhnš
19 wnpy ymɔn[h']
wnpy śrm[n]
[w]npy - - - - - - - - - - ȝgr[i]
20 wnpy nqmd[k]
ȝšn ypkm
ȝlp q[ṭš ȝlp ddm]y · 21 ȝlp ẖry
ȝlp ẖty ȝlp ɔlśy ȝl[p śbr]
[ȝ]lp · 22 ẖbtkm ȝlp m[dl]lkm ȝlp - -bl
[ȝšn] ypkm
23 ȝ[l]bɔpkm ȝbq[ṭ]t npškm[m] ȝbqṭt tqṭṭ
24 ȝšn · ypkm ld[b]ḥm
wl śʿ dbḥn ndbḥ
hw · śʿ · nśʿy · 25 hw nkt nkt
[yt]šɜ lɔb bn ɜl ytšɜ ldr 26 bn · ɜl
l śkmn [w]śnm · hn ʿr

---

27 w śb lmspr[n] · m[šr]mšr bt ȝgrt
wnpy gr 28 ḥmyt[o] ȝgrt
w[np]y nśt

---

mudallil-. [d] תקטטנָה. [e] Vielleicht *t* statt *m*. [f] נכת < *nnkt*. [g] Vgl. zu *dr ȝl* 1_{7}. [h] Vgl. 56_{1}: *spr mśr* - - -. [h'] *ymɔn* auch B I 43. [i] Wohl ȝ*grt* gemeint. Das Wort steht auf dem Rand. [k] Vgl. *nqmd mlk* ȝ*grt* A VI 56, B VIII Ende; in babylon. Keilschrift *ni-iq-me-aš* (Syria XV 243). [l] ȝ fehlt Z. 14 und 31, also wohl zu streichen. [m] ɔ*p* und *npš* auch $5_{12.\,15}$ nebeneinander. [n] So ist statt *lmgbr* zu lesen, vgl. B V 104. [o] *ḥāmiyat* = חומַת

}šn · ypkn
}lp · qṭš · 29}lp ddmy }l[p ḫ]ry
}lp ḫty ʒlp ɔlŝy 30}lp ŝbr
}lp [ḫbtkn }]lp · mdllkn · }lp · qr
31 }šn · ypkn
bɔ[pkn }bq]ṭt npš kn[p] }bq[ṭt] 32tqṭṭn ·
}šn · y[pkn ldbḥm[q]]
wl · ŝʿ · dbḥn · 33ndbḥ
hw · ŝʿ · n[ŝʿy hw nkt nkt]
ytšʒ · lɔb · b[n] ʒ[l] 34ytšʒ · l[dr bn ʒl]
[lm]pḫrt bn · ʒl 35lškm[n wšnm h]n · [ʿr]

Nr. 3.
Verwandt mit Nr. 1.

byrḫ | - - - - - - - - - - - - - - - - -
šmtr | - - - - - - - - - - - - - - - - - - -

---

bŝlŝtʿ[a] - - - - - - - - - - - - - - -
bɔrbʿ - - - - - - - - - - - - - - - -
wŝn · šm | - - - - - - - - - - - - - - -
ʒlm wš - - - - - - - - - - - - - - - -
- - | brr[b] - - - - - - - - - - - - - -
- -lm yʿ - - - - - - - - - - - - - - -
- - - - - - -s *rgm* - - - - - - - - - - -
wy - - rt yʿ - - - - - - - - - -
wɔṣ - -(ʒ h)l wbd - - - - - - - - - -
ytk [g]dlt · ʒlhm - - - - - - - - -
dqt · k . špš · np wš- - - - - - -
[c]ʒlh [ɔ]lp wš [ʒl]hm [gdlt ʒlhm]
b[ʿl š] ɔŝr[t š ŝkmn wšnm š]
ʿnt · š · ršp · š [dr ʒl wpgr bʿl]
gdlt šl[m gdlt wb}rm (d, }/l)*b*][c]

---

[p] Zur Trennung des Suffixes vgl. Mesa-Inschrift, Z. 18: ואסחב · הם und 54 18: *št nnh*. [q] Vielleicht *t* statt *m*.

3. [a] Wohl *bŝlš · tʿ*; vgl. Z. 45: *b ŝdš*. [b] 9 10 *mlk brr*. [c] Z. 14—17

rmṣt ʾlh[m bʿlm] - - - - - - - - - -
ksm šlšm | - - - - - - - - - - - - - -
dyqḥ bt- - - - - - - - - - - - - - -
šmn rqm - - - - - - - - - - - - - - -
w(ʿ/š)nḥšm r - - - - - - - - - - - - -
kdm yn pr- - - - - - - - - - - - - - -
mdbḥt bt ʾš- - - - - - - - - - - - -
l | *xl*mt[c'] š wl- - - - - - - - - - - -
gd[lt] lnkl - - - -. - - - - - - - - -
ʿṣ[rm] lʾnš - - - - - - - - - - - - -
ʾl[hm d]qt š- - - - - - - - - - - - -
- - r - - - wš- - - - - - - - - - - -
[lʾ]lh gdlt - - - - - - - - - - - - - -
[*d*]*q*t škmn w[šnm] - - - - - - - - - -
- - -(b/d)t dqtm (b/d) - - - - - - - - - - -
- - - mm gdlt - - - - - - - - - - - -
[*dqt*] l ṣpn gd[lt] - - - - - - - - - -
(b/d) - - - | š | l | - - ʾ- - - - - - - - -
(r/p) - - - | l | - - ʾ- - - - - - - - - - -
- - - | bʿlt bt- - - - - - - - - - - -
[md]bḥt b ḫmš - - - - - - - - - - - -
- - kbd w db- - - - - - - - - - - - -
[w]ʾšrt ʿṣr[m] - - - - - - - - - - - - -
- - (b/d) mdbḥ bʿl | - - - - - - - - - - - -
dqt l ṣpn w dq[t] - - - - - - - - - -
šn l ʿšrm pʾmt | - - - - - - - -
š dd šmn gdlt w | - - - - - - - -
rgm yššb b šdš šn [šm] - - - - -
ʿlyh gdlt · rgm yš[šb] - - - - - -
b [šb]ʿ[d] ṣbʾ špš w ḥl*y*[e]m - - - - -
w - - - · mlk | - - - b ym ḥdš šn · šm
l[ʿštr]t

---

hergestellt nach 1_{5-9}. [c'] Vgl. 1_{19}: *wlxlmt*. [d] Vgl. *b ḫmš* 38 und *b šdš* 45. [e] Im Original wie ein getilgtes ṣ, an derselben Stelle in Z. 53 der Ansatz eines ʿ. Der Buchstabe scheint in

ꜣ(b/d) - - (b/d)ḥ mlk l prgl ṣqrn b gg
ʾr - - - - - · ʾrbʿ mŝbt ʾzmr bh šš-
ʾṣ - - t š šlmm pʾmt šbʿ klbh
yr - - · mlk ṣbȝ špš w ḥl-[f]m lk
w (l/ṣ) - - (y/ṣ)pm wmq - - - | - - ŝbn
b | - - | w km ꜣŝ y - - - šqm yd

Nr. 4.

Der umfangreichste Text des Fundes von 1929, ḫurritisch, mit einer Anzahl von Gottesnamen, die durch Hrozny identifiziert wurden, vgl. Nr. 50. Die Zeichen ʿ und ŝ sind öfters schwer zu unterscheiden, im Zweifelsfall ist ŝ gesetzt. An manchen Stellen ist sicher, wie in Nr. 55, ʿ. als ŝ zu verstehen. Ob das überall der Fall oder ob mit *ʿnt* (Z. 44) doch die Göttin ʿAnat gemeint ist, läßt sich noch nicht ausmachen. Hier ist ʿ nur dann durch *ŝ* wiedergegeben, wenn der Lautwert ŝ anderweitig gesichert ist, nämlich bei ʾ*ŝtb*, *ŝnm* und *ŝnp*. Man beachte die zahlreichen Assonanzen und Gleichklänge, die sich noch erheblich mehren, wenn ʿ als *ŝ* gelesen wird. Der Text ist durch Striche in 17 Abschnitte geteilt, die hier durch römische Zahlen unterschieden sind.

I ꜣśr ḫśr ḫślś ꜣn[a] ʾtn[b] [2]ŝkrm tlmȝn klm kldn [3]ꜣn
ʾtynpʿ pxdm ȝbl [4]ʾwrnm ʾrdnm ꜣn nkynp [5]tmrnnk
II [6]ȝśr ḫśr ḫślś ȝl · kmrb[c] [7]ꜣld kmrbnd ꜣlʾn ꜣl k[m]r[b]
[8]ʿbl pśy tꜣnm k-ꜣl kmrb · nʿ [9]ʾrśnnk
III [10]ꜣś[r ḫśr ḫ]ślś tŝ-ḫlbx[d] [11]t - - - - - d ȝgrt ʾnḫz [12]ꜣlhn
- -n ʾtn ŝnp[e] *ŝŝ*bʿ [13]tbtt - - - p *ŝŝ*bʾ ꜣtŝnn [14]ʿn - - - - - - |
ḫdśnnk

der Vorlage undeutlich gewesen zu sein. Beachte 9₉: *wḥl* · *bʿt*; *m* kann mit *ʿt* verwechselt werden. [f] Siehe Anm. e.

4. [a] *ꜣn* = *eni* „Gott“. [b] Zu *ʾtn* (ägyptisch) vgl. *ʾtn prln* A VI 54. [c] Gott Kumarbi. [d] Vielleicht Tešub von Ḫalab. [e] Vgl.

IV [15][ꜣśr ḫśr ḫ]śls ꜣykśx ꜣym [16]ḫz - - - - - yrxd ŝnm ɔrśnnk

V [17]ꜣśr ḫ[śr ḫśl]ś dbmś[f]- - [18]ꜣg̥ ı - - - - - - - - - rn n - - [19]ɔ(b/ṣ) - - - - - - - - - n(p/t)ḫm - ḫ [20]ḫz - - - - - - - - - ı ɔdmn[f] [21]ȝ - - - - - - - - - - dbmš ḫdšnnk

VI [22][ꜣśr, ḫśr ḫśls] - - - - - -(l/ȝ/d) [23]t*t* - - - - - - - - - - r [24]ḫzḫz *r*n - - - - - - - - - - - - - - - - [25]kȝśn - - - - - - - - - nnk

VII [26]ꜣšr ḫ[śr ḫśls] - - (ɔ/n)ś ᴄr [27]ᴄbl ŝ(l/ṣ) - - - - - - - lś tꜣnm k - - - - - ś ɔrśnnk

VIII [29]ꜣśr ḫśr ḫ[śls] ɔėtb[g] ᴄdr [30]ᴄdr pbnś - - - nm ɔwrxl [31]ɔrdnm ɔr - - -l ɔėtb[g] tmrnnk

IX [32]ꜣśr ḫ[śr ḫ]śls ḫdn ḫdl[r][h] [33]ᴄbl ı - - (y/ḫ) tꜣnm · krḫdn ḫdlr[i] [34]ɔrśn[nk]

X [35]ꜣśr ḫ[śr] ḫśls ᴄgrḫn pśŝpḫ[k] [36]lbtx - - (b/d)m xlᴄlp (ꜣ/h)*g*dpślŝ [37]ŝylᴄ ı - - - [p]śŝpḫ ḫd[š]nnk

XI [38][ꜣś]r ḫśr [ḫśl]ś ėmg[l] kꜣw nqd [39]ꜣnś ėmg[l] · - - ᴄḫd mśgd [40]nnw ɔ[rśn]n[k]

XII [41][ꜣś]r ḫśr ḫśls ꜣr[n p]drp[m] [42]- - - ndm ꜣršpn[n] ꜣ(b/d) - - n [43]- - - ı ɔdmn ɔśnn ȝrn pddm[m]

XIII [44]ꜣśr ḫśr ḫśls ᴄnt ɔmrn [45]nly [ᴄ]n[t ɔm]rn nly [46]ėnm[n'] ḫdśnnk

XIV [47]ꜣśr ḫśr ḫśl[ś] ꜣbnkl[o] [48]pdgl ꜣbnkl[o] [pd]gl ᴄr [49]txpᴄn - - - - - ı ɔ⟨r⟩*ś*nnk

XV [50]ꜣśr ḫś[r] ḫśls [n]bdg[p] [51]ḫmn[q] ḫm · ꜣkrn[q'] ɔln[r] ꜣw[r]n [52]ᴄŝ(ḫ/g)dm (g/ᴄ)tm ėnp psm nxrn

XVI [54]ꜣśr ḫśr ḫśls ꜣn · - - - (l/d) [55]ꜣn (t/ᴄ)rḫn ꜣn ɔᴄtḫ - - - nm [56]tŝbd ɔᴄtḫnm ḫbt[r]. - - - n [57]ᴄyn ꜣśr (t/ᴄ)rḫnśk ꜣśr [58]ɔᴄtḫ nśr typ nrxp nrxn [59]ėnm ḫdśnnk

---

ŝnp 7_7. [f] Vgl. *ddmš* 17_6. Einer der Namen wird verschrieben sein. [f] Wohl Gott Adamma-š. [g] Gott Aštabi. [h] Gott Ḫudena Hudellurra. [i] So zu lesen statt *ḫdlk*. [k] Gott Pišašapḫi. [l] Gott Šimegi. [m] Zu lesen wohl *pdrm* wie 7_{11}. [n] Gott Iršappini. [n'] Vgl. *ŝnm* Z. 16, 62. [o] Wohl Gott Abbu Nikkal. [p] Gott Nubadig. [q] Gott Ḫummun-iš. [q'] Es wird *ꜣwrn* zu lesen sein, vgl. 28 b_9. [r] Gott Allāni. [r] Göttin Ḫebat.

XVII ꜣśr ḫśr ḫślś ḫbt^{r} ḫmrbn pbn ḫbt ꜣy ꜣnś
pg ꜣnś ŝrn ŝr ʿyn ı -b ʿgdlḫ gʿḫp ꜣgd
pnśnn ŝnm ḫbt ḫdś[nn]k ʾʿ*r* mtrt pdry

Nr. 5.

ktʿrb ʿŝtrt ḫr ı - -[a]
bt · mlk ʿšr ʿšr - -[a](ʿ/ŝ) bt · ꜣlm
kb(d/ʒ/l)(dʒl)m ı -[a]trmt
lbš · wntn ʒšpxt
ḫr-lŝlŝt mzn
dr k š ʾlp wŝlŝ
ṣꜣn šlm[m] šbʿ · p[ʾmt]
lꜣlm šb[ʿ *l*]kŝr[b]
ʿlm tʿrbn gŝrm[c]
bt mlk ŝql ḫrṣ
lšpš wyrḫ lgŝr
ŝql ksp ṭb ʾ[p wnpš]
lṣnth ŝql ḫrṣ
lšp[š wy]rḫ lgŝr ŝn
[*ŝqlm ḫrṣ*] ṭb ʾp wnpš[d]
- - - - - - bt ʾlp · w · š
- - - .. -m lgŝrm
- - - - - - - · lʿntm
- - - - - -rm dkrm
- - - - - - lʿntm
- - - - lslm
- (ṣ/l) - - ḫry ylbš
mlk ylk lq(s/ṭ)[a]. ꜣlm
ʾŝr ꜣlm ylk pʿnm

5. [a] Unleserlich, anscheinend mißratene Zeichen. [b] Fraglich, ob hier der Gott *Kŝr* gemeint ist. [c] *gŝr* auch 18$_{14.16.20}$. Oder ist hier *ʿŝr* zu lesen? Das ʿ steht in diesem Text gerade und ist dem *g* ähnlich; vgl. zu 58$_{4}$. [d] *ʾp* und *npš* auch 2$_{14.23.31}$ nebeneinander.

mlk [pʿ]nm yl[k]
šbʿ · pʾmt lklhm

Nr. 6.

Die Zeilen sind durch Striche abgeteilt, die nur hinter Z. 14, 17, 18, 20, 22 fehlen. Ziemlich nachlässige Schrift.

[ ]
- - - - - - - - - - | tld
- - - - - - - - -rm šn ym
(t/q)š- - - - -ymm lk
hrg ʾr - - - *l*mm bṣr
pp šsk | - - | lḥbš[a]k
*t*tk rȝ- lmhrk
wʿp lśr- nšrk
wrbṣ lxrk hnbb
*k*txrk ʾnk ydʿt
-n ʾtn ʾt mšbk (b/d)-
-mm rm lk prpʿ[b] *pt*
- - - bm *g*m tpl klbnt
- - - *g*m kyrk*t* ʿšqbm
- - - m ʿṣ̄pn lpȝt
m - - - - - - -m wmdbḥt
ḫr | - - - - ʿ̥l kbkbt
nʿm - - - - (ṣ/l)lm trtḥ*l*
btlt ʿn[t][c] tptrʿ[d] šd-
lȝmm ttʿl | -mȝl-
ʾbh ḥ(p/ṣ̄)r pʿlk y(ṭ/ḥ) - -
šmʿk lʾrḫ wbn | - -
lȝmm ʾʿl[e] bȝdnk w-
krtqt mr(x/š)(ʿ/t)
kdlbšt bȝr mlʾk

6. [a] Mißratenes Zeichen. [b] Oder *prṣ̄*? [c] So richtig Ginsberg. [d] So zu lesen, nicht *tkr*ʿ; von פרע „entblößen“. [e] Oder *tt*ʿ*l* ge-

šmm tmr zbl mlk
šmm tlʾk -(ḥ/ṭ)l ʾmr ·
bnkm kbk[*bt*] *ẓ*blʾm
rkm ʾgzrt - - - | ʾrḫ
bʿl ʾśrt ʿnt | - - ld
kbdh lydʿhrh[f] | - - śd(p/h)
tnq - - (b/ṣ) - - - - ȝ - - - | pʿr[g]
y(d/ʒ/l)(ȝ/h) - - - ṣ*q*r gl | - -
ʾ - - - - - - m rḥ ḫšʿ*r*pt
(g/ʿ)(ṣ/l) - - - - (ḫ/y)hpk m - - -
s(ʿ/ṭ) [ ]

Nr. 7.

Ḫurritisch (vgl. Nr. 4), ohne Worttrenner, eng verwandt mit Nr. 34, sodaß beide einander korrigieren und zum Teil auch hier eine Worttrennung möglich ist.

[1]ʾxr · ḫld · km[2]rb[a] · ʒrgnkmn [3]ȝpnśdnšʒn [4]ȝtnbbqlḫl [5]lyśttlbṣl(ʿ/t)(ʿ/t) [6]lʾbršd ·
ṣš[7]m[b] · kmrb · šnp · [8]šy · ʾxr · ʾšš · k[9]mrb · nršr ·
[10]mzg[c] . šklḫym · k[11]ld[d] · pdrm[e] · tn[12]š(ʿ/t)

Nr. 8 + 31.

yn | ȝš[ryt] ·[a] (ȝ/h)lnr
spr | - - *ḥt* · kšbʿt
(g/ḫ)hl ph śmnt
nʒlʒh[b] špš ymp[c]
hlkt tdrš

---

meint wie Z. 20? [f] Wohl *lydʿ·hrh*. [g] Oder *ṣ̈r* gemeint? Vgl. aber *wypʿr* Ca 18.

7. [a] Gott Kumarbi. [b] Statt *ṣšm* steht 34_{11} *ʾšm*. [c] Vgl. 55_{7}: *mzgn*. [d] *kld* auch 35_{2}, 55_{8}. [e] Vgl. 35_{4}: *pbrm tn[*.

8. [a] Nach Syria XV 150: *yn ȝšryt*. [b] Das erste ʒ hat nur zwei senkrechte Keile. [c] *p* steht da. Wenn richtig, wohl *ym·p* abzuteilen.

špš bʿdh t - -̥
ʾŝr ʾŝrm - - -̥
ʾŝr ʾŝrm - - -̥
ȝšdym t - - -̥
bk mlʾ ı - - klm
l(ȝ/h)mʿt d(ʾ/n)ŝb
- - - ı bṅ ŝb ȝgrt
- - - *r* - - nbdgn
- - - - - - - ymrbn
- - - - - - - - - ı ȝn
- - - - - - - - - š*m*n
- - - - - - - - -n
- - - - - - - - -n

oder?

ȝšdym t - - klm
bk mlʾ ı (ʾ/n)ŝb
l(ȝ/h)mʿt dŝb ȝgrt
- - - ı bn - - nbdgn

(Da die Bruchstücke nicht ineinandergreifen, ist die Zeilenführung nicht ganz sicher.)

Nr. 9.

Opferbestimmungen, ähnlich Nr. 1 und 3.

- - - - š slḫ npš šʿw - - -bdm
- - - -mm ŝn · šm wʾlp l - - - ı
- - - - - · š ȝl · š bʿl · š dgn · š
- - - -r w ŝtpl gdlt ṣpn dqt
- -nm gdlt bŝlŝt mrm
[ȝ]l · š bʿl · š ʾŝrt š ym · š bʿl · knp
gdlt ṣpn dqt šrp wšlmm
[ʾ]lp lbʿl wʾŝrt ʿṣrm lȝnš
-n lbd*m*m gdlt ʿrb · špš · wḥl
bʿt[a] ʿ - - kt yrtḥl · mlk brr
ʾt y - - - n ʾ(l/ṣ)-m yrḫṣtšrt[b]
[*p*]n *y* - - m wy*r*-̥qr(q/t)
- *m* - - - -rtš kbd wš
[ʾl]p wš - - bʿl ṣpn
- - - - - - - wš[l]mm kmm
- - - - - -k(b/d)-m knpš
- - - - - - - - - - š ʿntltn

---

9. [a]Zu *ḫl bʿt* vgl. $3_{47, 53}$. [b]Man erwartet statt *ṣ* einen Trenner: *yrḫ* ı *tšrt* = Monat Tašrīt.

Nr. 10.

Anscheinend Liste unbenannter Kinder (ähnlich Nr. 56), die nur als „Sohn des N. N.“ aufgeführt werden. Einige unmaßgebliche Vermutungen in Entzifferung, S. 72. Die Zeilen sind durch Striche abgeteilt, die nur hinter 14 und 15 fehlen.

- - - y
- - (l/ṣ) · wnḫlh
bn · ksln[a] ŝltḫ
bn · yṣmḫ bn rn · wnḫlh
bn · srd[b] bn · ʾ(g/ʿ)mn
bn · ln · bn · ŝbʒl[c]
bn · ʒs bn · tbdn
bn · ʒryy
bn · ʾbdʿn[d]
bn · prkl
bn · štn
bn · ʾnnyn
b[n] · slg[e]
b[n] · dʒt
bn · rn
bn · n(ʿ/q)btʒl

Nr. 11 + 38.

Liste von 37 Kindern. Vgl. Nr. 10.

1 bn · sl[g][a] · ŝlḫn
bn · ydʿ · ŝlḫn
3–35 bn - - - ŝlḫn
36 bn · ʾ(b/d)ʿy · ŝlḫn bn qrw [ŝ]lḫn

---

10. [a] Vgl. כסלון Nu 34_{21}. [b] Vgl. סרד Gn 46_{14}, Nu 26_{26}. [c] Vgl. שבואל. [d] *ʾbdʿn* auch 56_{31}. [e] Vgl. $55_{11.33}$.
11. [a] Vgl. 10_{13}.

Nr. 12.

Liste von Materialien für den Tempelbedarf.

- - - - dd gdl ŝŝ dd šʿrm
[ṣ]ꜣn w ʾlp kd nbt[a] kd šmn mr
- ʾrbʿ · mʾt ḫswn lṯḥ[b] ʾqhr
[s]bbyn lṯḥ ššmn lṯḥ šḥlt
[ṣ]mqm [ŝ]ŝ mʾt nṣ ŝlŝm ʿṣr
[ḫ]mš[m ḥm]r škm

- - - - dd gdl ŝŝ dd šʿrm
[ṣꜣn w ʾlp] kd nbt kd šmn mr
- - - - - - - - | kmn lṯḥ sbbyn
- - - - - - - - ʿt lṯḥ ššmn
- - - - - - | ḫšwn ŝ[ŝ] mʾt nṣ
- - - - (l/ṣ) ḫmšm ḥ[m]r [š]km

- - - - [dd] gdl ŝŝ dd šʿrm
- - - - - - p · ʾrbʿ mʾt ̣tyt
- - - - - - [kd š]mn mr
- - - - - - sb[by]n lṯḥ šš[mn]
- - - [*d*]blt[c] lṯḥ ṣmqm
- - - - [ḫm]šm ḥmr škm

Nr. 13 + 43.

Brief.

- - | k - - - - - -
p - - | dr- - - -
ꜣ-šhr- - - - -
b - -rt (r/w)h - - -
whm ʾt trg[m]
wsꜣp dhw ō ō

wʾnk ꜣšbt
ʾnk n - - *n* - - -
kst (d/ꜣ/l) - - - - -
w hw ꜣḫ - - - - -
lytn w - - - -
wy*rd*n - - - -
- - - | ʾ*nk* lk*m* ō
ly ʾnk ʾšṣ - ō
whm ʾt tr[gm]
wdrm ʿtr - - ō

---

12. [a] Wohl = נפת „Honig". [b] Wohl das Getreidemaß לתך. [c] Vgl. 53 R 2.

wʾp ht kškn

---

wmŝnnšmnk
(ꜣ/h)štš | ō rgmy
- (b/ṣ)d r ō pxt

- - - - - - t ydʿt
- - - - - -•m
- - - - - | kllh
- - - - -ly
- - - - - - - - r

Nr. 14.
Verzeichnis von Heiligtümern.

bt ꜣl
bʿl bt ʾśmny
bʿl bt pdy
bʿl bt nqly
bʿl bt ʿlr
bʿl bt ssl
bʿl bt xrn
bʿl bt ktmn
b[ʿl] bt ndbd
- - | ṣnr
[bʿl] bt bs*n*

Nr. 15.

btšbn
ꜣydm wbʿlh
ddy
ʿmy
ꜣwr nr
ʾlnr
(d/l)ʾḫdt
*x*ly
ō ō ō
- - t

---

ydn
mnn wbnh
ŝk-

Nr. 16.
Schreibübung.

- - -
[y]ny
ydn
[y]tršp
ydr -
yd(d/l)-
ydlm
ytŝrd[a]
yrmt
yyn
yn
ydln
[y]mn
[y]ry
ykm

---

16. [a] Oder *yŝrd?*

Nr. 17.

Götternamen.

[ɔ]rṣ[a]
[ʒ]šḫr - - -[b]
[ʿ]ŝtrt
ꜣ- -(ꜣ h)r · bʿl
ršp
ddmš[c]
pḫr · ꜣlm[d]
ym[e]
ʒŝḫt
wnr
mlkm
šlm
ꜣ*l* · ṣpn
ꜣ*d*-b
(ꜣ/h)- -
dg[n]
(d/l/ʒ)ʿ- - - n
l[*šl*]*m*
[*lš*]lm
[*lš*]lm
[*lš*]lm
[*lš*]lm
[*lšl*]m
- - wšq

Nr. 18.

Brief.

l rb khnm
rgm[a] - -
ṯḥm[b] | - ō ō
yšlm
tšlm · - -k
tʿ*zy* - - - -(l/ṣ)m
lt - - - - (l/ṣ)mk
- - - - -
- - - - - šꜣl
- - - - - šꜣlt
[ ]
- - - -[š]ꜣlt
- - - -m lm
- - - - | gŝr[c]
- - - - | ʿd hwt
· *r*ḥd š dgŝr
-(ꜣ/h)t yšmʿ ʒḫy
lgy · wyhbṭ bɔš
wytn ꜣlm bdh[d]
bd · ꜣḫqm gŝr
wbd ytrhd
bʿl

---

17. [a]Vgl. B I$_{19}$, IV$_{57}$. [b]Vgl. 1$_{18}$. [c]Vgl. 4$_{17.\ 21}$ *dbmš*. [d]Vgl. akk. *puḫur ilāni* und *mpḫrt bn ꜣl* 2$_{17.\ 34}$. [e]Vgl. 1$_{18}$, 9$_{6}$.

18. [a]*rgm* = sprechen. [b]*ṯḥm* = Botschaft. [c]Zu *gŝr* vgl. 5$_{9.\ 11.\ 14.\ 17}$. [d]*bdh* auch 60$_{8}$.

Nr. 19.

Opferbestimmungen.

1 - - - - [ʿ]ṣrm
- -ŝpḥ · bʿl
[ŝl]ŝ ʿṣrm
[w]bʿlt · btm
5 (m/ŝ)- - -*b*n l dgn
6 - - - - - - - - -m
7. - - - - | pȝ-*p*qš
7a - - -pššn-
8 ŝ - r bȝš
9 b- -̥lh šʿrt
10 (ḫ/y) - -̥ *š*r -̥ -(ṣ/l)rb
ŝn- - - - - - -
ʾḥt ḫ*m* - - - -
bym dbḥ ŝp -
ʾḥt l mzy bnh
15 ʾḥt l mkp ¦̥ (ŝ/x)r
ʾḥt l ʿŝtrt
ʾrbʿ ʿṣrm
gt ŝrmn
ʾḥt slḫȝ

Nr. 20.

1 lrȝ[
ypt ʿṣ[
hšlm · [
btk b [
5 xyk [
bt | [

Nr. 21.

Brief.

1 tḥm | hl [
lpḫrṣ | ʾ [
wlg[a] | p(ʾ/n)r[
yšl[m
5 - l [
- š [
[
[
h [
10 [
[
[
w [
k [
15 (ʿ/t) [

Nr. 22.

1 - - - - | [
- - - - t šlȝ [
- - - - rt š [
- - - -lpdr [
5 ṣȝn · n*q*dh [
lʿŝtrt [
ʿlm km(ʿ/t) [
wbŝlŝ | ṣ[ȝn
lll[a] pr [
10 mȝt · šʿ [
ptr k [
- - y ȝ [

---

21. [a] 60$_{75}$: *lg ynh*, 18$_{18}$: *lgy*.
22. [a] Vgl. 1$_{12}$, 23$_{7}$.

Nr. 23.

(Siehe bei Nr. 48).

Nr. 24.

[
b [
qr[n
qr[n
qr[n
qr[n
qr[n
qr[n
lbšs̊nṣ [
bᶜdb(ᶜ/t)lwm
mlḥ qrn bn - [
mlk - - - *rt* [
gg [
b*t* [
š [
y [

Nr. 25.

Rechnung.

] t · s̊m[n
] l · ḫmš ı [
] ḫmš [
]rn ᶜrb - [
] *z* · s̊mnym [
] *t* mᶾt [

Nr. 26.

- - - - - - ṭ [
- - - - - - mq [
bk - - - ı yq*ḥ* [
w - - - - rk(b/d) [
- - - - - - - ı d [
b*ql* - - ̥- k
wtštqdn - [
hm

---

wyḥ mlk
wᶾkm kn w[
tšknnnn[

Nr. 27.

a ᶾś[
s̊ᶾ-[a] [
ᶾr[
ᶾs̊[*m*
pr[
ᶾ*r*[
kd[
ᶾ(k/w)[
ᶾs̊[m

b ᶾ[s̊m
ᶾ[s̊m
ᶾs̊[m
ᶾs̊[m
ᶾs̊[m
ᶾ[s̊m
ᶾs̊m ᶾm - y[
ᶾs̊m nr nm[
ᶾs̊m trtbd[
[ᶾs̊]m ı [

27. [a] 35$_3$: *s̊$_3$ys̊* [

Nr. 28.

Nach dem letzten Wort zu urteilen ist die Sprache ḫurritisch.

a 1

2

3 ŝn]p

ŝn]p

5 ŝ]np

] ryn · ŝnp[a]

ś ś

] ṣt ʒryʿ̥m

9] - ı n - ̥̄

b 1]

]- rś ̥̄

] ṇ

] d

5] mn

] (ŝ/x)r

] nm

] ı tꜣ

]n ı ꜣwrn[b]

Nr. 29.

1 - - - - ʾnn ʾḥd

2 - - - *n* ḫsyn ʾḥd

3 pdr mlk ʾḥd

Nr. 30.

1 *g*pr [

ʾr [

ʒlm[a] k [

ʾrśl [

5 ʒlm[a] k ı [

ʒrmn [

Nr. 31.

(Siehe bei Nr. 8).

Nr. 32.

Brief.

1 [

ṣ - ṣꜣ db- - ı dm k[

ŝb ʿry*m*- ı kqlt[

ʾt brt lbkʿnn ı [

5 ṣdq kttn ly šn[

- -(b/ṣ)n rgm wydʿ[

Nr. 33.

1] [

]ʾ - [

] ı mr[

](r/k) mr - - - ydm[

5 m]ŝbt ꜣlm w b ı [

]ŝŝbn ꜣlm w ı [

]w ksʒ bʿlt b[t

]ꜣl bt gdlt [

](ꜣ/h)k(d/ʒ/l) [

---

28. [a]*ŝnp* auch 4_{12}. 5_{8}, 7_{7}, 34_{12}, 55_{4}. [b]ꜣ*wrṇ* = *ęwirni* „Herr", -*ni* ist Determinativ.

30. [a]Vgl. 57_{9}.

Nr. 34 + 45.

Eng verwandt mit Nr. 7, nur daß dort der Gott Kumarbi, hier die Göttin Šauška (*śwśk*, vgl. Archiv orientální IV 127[1]) den Mittelpunkt bildet.

1 ᵓxr ḫld
śwśk (k/rd)n
śrmn[a] - npn[b]
(ḫ gʾr - ̣
5 - - - -
6
7 - - - - -ḫr
- - - - -kd
- - - -r(w/r)tś
10 - - - -(r/k)šd
- - -lśd ᵓśm
[ś]wśk śnp śy
ᵓxr ᵓśś[c]
św[śk] - ̣ d sp
12 tr - ı št ̣

Nr. 35.

Ḫurritisch.

1] [
]kld pdr[
]n dwyśm śᶟyś[
]pbrm[a] tn[
5]ᶜb ḫbt ı [

Nr. 36.

1 tᶜ[
tᶜ[
ᵓr[bᶜ
ḫmš ı [
5 ḥ - [

Nr. 37.

1
2] tm ı [
]tḥṣ nn[
](ᶟ/h)dmnn ı [
5](b/d)śn ᵓlt [
]bśls bśl[ś
]-nn br[
] ı (ᶟ/h)(b/ṣ/l)[

Nr. 38.

(Siehe bei Nr. 11).

Nr. 39.

1]gg ̣ [
2]ᵓnᶟ [
3] ı ᵓmṣ [
4]ś[

Nr. 40.

1 [
h[
ᵓbr[
ᵓbr[
5 w[

34. [a]*śrmn* auch 1_{13}, 2_{19}, 19_{18}. [b]Statt *npn* vielleicht *nw* zu lesen. [c]Statt *ᵓśm* steht 7_6 *ṣśm*, eines davon muß ein Fehler sein

35. [a]Nach 7_{11} wohl *pdrm* zu lesen.

Nr. 41.

- - - - - - - -š
- - - - - - ʾ]rbʿm
btlṣn bnš
mlkt
ʿšrm
- - - -t

Nr. 42.

[[
]tnʾ(p/r)[
]rpl ʾ[
]hʾrt [
]ȝmrtś [
]ʒgrt [
]šntk [
.]gdl [
] d [

Nr. 44.

wb(b/d/ʒ)[
ȝlȝ(b/d)[
ʾlp ı [
ȝlȝ ı [
t(g/ʿ)r [
dq[
n(b/d)[
·[

Nr. 43.

(Siehe bei Nr. 13).

Nr. 45.

(Siehe bei Nr. 34).

Nr. 46.

ʿ̥]*ṣrm* ı (p/r)[
]ʾrbʿ*t*[
.]ʿdš [
]ks̄ʒ ı [
]ʾ*gn*[
]h*n*t[
]by]
]nn[
]mm[
] [

Nr. 47.

] [
]yt[
]dmš[a][
](b/d) ı š ı (b/d)[
yr]ḫ ı š ı [
] [

---

47. [a] Vgl. 17_{6}: *ddmš*.

Nr. 48 + 23.

Opferbestimmungen.

V [
[ ]mt । [
[ ] । gdl । [
[ ]lmš̊ym[
[ ]h wrbʿ । [
- - - - - - - - - - -š prk(b/d)[
[ ]*t*š ps[
[ ]ytšp̣[
[ ](d/ȝ/l)x*l*]
[

R - - - - -*ʿ̊* *š̊*[
- - -[k]sȝ ꜣlt[
[š̊l]š̊ l ʿš̊trt · [
-(ṣ/l) · ꜣlt š · lʿš̊[trt
[ʿ]ṣr · l̀pdr · š̊š̊ ṣ[ꜣn
tšnpn ʿlm k*m*[
w lll[a] ʿṣrm w[
kmm[b] w ꜣn ʿṣr[
wmꜣt šʿrty[
w kdr ẇ npt*t*[
w ksp yʿdb । [

Nr. 49.

Syria XV 153. Aus dem Fund von 1929.

1 p[
š̊ȝ[š̊k[a]
(b/ṣ)ṣs[
ɔs[

5 ḫbt[
š̊ȝš̊k[[a]
šb(ḫ/y)[
ɔ[

48. [a] *lll* auch 1_{12}, 22_{9}. [b] Vgl. *wšlmm kmm* 9_{15}.

49. [a] Zur Schreibung *š̊ȝš̊k* gegenüber *š̊wš̊k* $34_{2.\ 12.\ 14}$ vgl. *ḫȝš̊tr* neben *ḫwš̊tr* $55_{28.\ 35}$.

Nr. 50.

Syria XII 389. Liste ḫurritischer Götter, gefunden 1930, bearbeitet von Hrozný in Archiv orientální IV 119—129.

V 1 ỉn ḫmnnd = *eni Ḫummun-ni-da*[a]
ʿntd = *ʿAnat-da*
ŝmgnd = *Šimegi-ni-da*
nbdl[b]d = *Nubadig-da*
5 pššpḫnd = *Pišašapḫi-ni-da*
ủšḫrd[c] = *Išḫara-da*
ảlnd = *Allani-da*
ḫdn ʿt ḫdlrŝ = *Ḫudenu ʿeti Hudellurra-ŝ*

R 1 - - - - - - -kr
- - - - - - -d
- - - - -yd ảŝtbd = - - - - -yd *Aštabi-da*
- - ṛ r - -d

Nr. 51.

Syria XIV 231. Ohne Worttrenner wie Nr. 7 u. 53.

1 ỉl · *b*- - · ỉl
dr · bn · ỉl[a]
mpḫrt · bn · ỉl[a]
ŝr · mlk[b] · šʿm

50. [a] = dem Gott Ḫummun. [b] Man erwartet *g* statt *l*. [c] Vgl. ủšḫr*y* 1 $_{13}$.

51. [a] Vgl. 2 $_{17}$. [b] Vgl. B IV 38. 39, wo *ỉl mlk* parallel-iden-

ȝl · w · ʾšrt
ḥnn · ȝl
nṣbt · ȝl
šlm · ȝl
ȝl · ḫš · ȝl · ʾdʒ
bg(d/b) · ṣpn · kl
ʒgrt
b · mrḥ · ȝl
b · nȝt · ȝl
b · ṣmd · ȝl[c]
b · dšn · ȝl
b · šrp · ȝl
b · knt · ȝl
b · xdyn · ȝl
- *n* - - *l* ..

Nr. 52.

Syria XIV 235. Brief.

tḥm ȝwr · śr[a]
[2]l plsy [3]rgm
[4]yšlm lk
[5]l trxds [6]w l klby [7]šmʿt
ḫtȝ [8]nḫtʒ[b] ht [9]hm ȝn mm [10]nḫtʒ
wlʾk [11]ʿmy wyd [12]ȝlm p kmtm [13]ʿz mʾd
[14]ȝm nškp [15]mʿnk
[16]w mnm [17]rgm d tšmʿ [18]šmt
w št [19]b spr ʿmy[c]

---

tisch mit *šr* steht, und *šr ʒl* A IV 34. [c]Vgl. בעל צמד in der Klmw-Inschrift B 15.

52. [a]Ewiri Šarri, vgl. Syria XII 254 ff. [b]Vgl. A II 23: *ḫtʒhw*, B VIII 20: *tḫtʾn*. [c]Vgl. Amarnabrief 149_{56}: *minummi tašteme u šupur ana šarri* (Albright).

Nr. 53 (und 54).

Syria XV 75 ff.: Fragments d'un traité phénicien de thérapeutique hippologique. Ohne Worttrenner wie Nr. 7 und 51.

V [ ]
[k]- - - s̄s̄[w]- - - - - - - - -
[ʾḥdh w]yṣq · [bʾph]

[k- - - - s̄]s̄w · mxmx[a] · wb ...
[- - - ʾḥ]dh · wyṣq · bʾph

[k- - -] · ssw · ḫndrŝwŝ - - -̥(rk)
[- - - ʾ]ḥdh · wyṣq · bʾph · h- -

[- - - - -]lyŝtn[b] · mss · št · qlql
- - - - - -dk · ʾḥdh · wyṣq · bʾph

[- - - - - - s̄]s̄w · št · mkšr · grn
- - - - - -*t* · ḥ[ś]rt[c]

[ ]
[ ]
[ ]*ṭ* · ydk

(Lücke von etwa 6 Zeilen)

[ ]ŝrb

(Lücke von etwa 4 Zeilen)

R kyrʾš · wyʾhp · mꜣd · [s̄s̄w]
dblt · yŝnt · w · ṣmqm · yŝn[m]
wqmḥ · bql · yṣq · ʾḥdh
bʾph

---

53. [a] Vgl. arab. *maǧmaǧa* „mischen". [b] Vgl hebr. מַשְׁתִּין. [c] Vgl. 54_{15}.

Nr. 54.

Ganz oder größtenteils identisch mit Nr. 53.

[ ]
k- - - - - - - - - - -
w- - - - - - - - - - -
ʾ- - - - - - - - - - -
k ǀ - - - - - - - - - - - -
w ʿ̥ - - - - - - - - - - -
w y- - - - - - - - - - -
k l ǀ̥ ḫ- - - - - - - - - -
mss ǀ - - - - - - - - - -
ʿrgz- - - - [ʾḥdh]
wyṣq [bʾph]

---

k yȝḫd- - - - [s̄s̄w]
št mkš[r grn]
w št ʾšs̄- - - - - -
w pr ḥśr[t]- - - - -
ʾḥdh wyṣq [bʾph]

---

k yȝḫd ʾ*r*l s̄[s̄w]
št nnh[a] št m- - - -
št ȝrxn ḥm- - - -
ʾḥdh w yṣq b[ʾph]

---

kyrʾš s̄s̄w - - - -
bln qṭ yṣq bʾ[ph]

---

k ygʿr - - - - - - - -
dprn- - - - - - -
drʿ ǀ - - - - - - - - - -
tmŝl- - - - - - - -
mxm[x]- - - - - - - - -
w š[t]- - - - - - - - - -
w p[r ḥśrt]- - - - -
ȝrx[n ḥm]- - - - - -

---

54. [a]*štnnh* wohl éin Wort (Energicus II), vgl. *npš kn* 2 31, *ybŝ nn* Ca 31.

ʾḫd[h wyṣq bʾph]

k yr[ʾ]š s̄s̄[w w yʾhp]
mȝd dblt yṧ[nt w]
ṣmq[m] yṧnm w[qmḫ bql]
tdkn ʾḫdh w[tṣq]
b ʾph

Nr. 55.

Syria XV 147—154: Proclamation de Seleg, chef de cinq peuples. Zu beachten ist die orthographische Merkwürdigkeit, daß das Zeichen für ʿ hier den Lautwert *ṧ* hat, umschrieben als ʿ̈, während das wirkliche ʿ mit einem Kreis umschlossen wird: ⓒ. Die Sprache ist ḫurritisch, die Gruppe (*ʾn slg*) *ȝlp* usw. aber semitisch. Zum Namen *Slg* vgl. Nr. 11_{13} und 11_{1}.

ʿ̈rqb[a] ḫ- - - - -m
ȝdʾsrp ı - - - -ln
ȝtḫm ʾlgp ı - -
ʿ̈t ʿ̈np[b] ʾxr - - ʿ̈
smdn ʾm*n*- - - -
ʾmn ȝlṣ̄ - - - - -
mzgn ȝlṣ̄ - - - - -
kld ȝś - - - - - -
ʾʿ̈ ȝ pś*p*- - - -
srn ȝlṣ - - - -
ʾn slg ȝ[lp][c]
pl sxsr[pl ḫśś]
pl ḫȝʿ̈tr[d] [pl ʾʿ̈tnʿ̈]
pl ḫnʿ̈ p[rⓒⓒ]
pr pr[ⓒ]
llʿ̈ ḫśr[e] - - - -

---

55. [a] Statt *q* vielleicht tʿ̈ zu lesen. [b] Vgl. *ṧnpšy* 7_{7} und 34_{12}, *ʿ̈np* $4_{12.\,53}$, *ryn ṧnp* $28_{a\,6}$. [c] Zu *ȝlp* vgl. 2_{12}ff. [d] Vgl. *ḫwʿ̈tr* Z. 28, 35 und Nr. 49 Anm. a. [e] Vgl. das 18malige *ȝśr*

rbnʿ ʿ- - - - - -
ʒl̄ṣn- - - - - - - :
ʒlp p[l sxsr]
[p]l ḫśś p[l ḫʒʿtr]
[pl ͻ]ʿtnʿ [pl ḫnʿ]
[prⓒ]ⓒ p]r prⓒ]
- - - - - - - šp- - - -
- - - - - - - ı ʒ - - - -
- - - - - - - ʒ[*lp*]- -
- - - - -p ʒ[lp]
p[l sx]sr [pl ḫśś]
pl ḫwʿtr [pl]
ͻʿtnʿ pl [ḫnʿ]
prⓒⓒ[f] pr [prⓒ]
ʒt kʒn tʿ - - - -
ͻxr ʒgʿn - - - -
ͻn slg ʒlp p[l]
sxsr pl ḫśś p[l]
ḫwʿtr pl ͻʿt[nʿ]
pl ḫ[n]ʿ prⓒ ⓒ
pr prⓒ

Nr. 56.
Syria XV 244—249: Table généalogique.
Vgl. Nr. 10 und 11.

spr mśr[a] - - - -
lt hlk b - - - -
bn bʿyn š.ͻ/n)- - -
ͻxltn mʒd - - ō
bn lṣn ʿrm*y*
ͻrš̄w bṣry
ͻrpšr yʿrty
bn ḫdyn[b] ʒgrty

ḫśr in Nr. 4. [f] Wohl *parʿō* gemeint, vgl. A I 16 *ṣpʿn* = צפון und griechisches o = semitisches ʿ (OLZ 38, Sp. 130 f.).

56. [a] Vgl. 2 27: *wšb lmspr mšrmšr.* [b] Vgl. *Ḫadiânu* in den

bn tgšn[c] ủgrty
tgyn ảrty
bn nryn ảrty
bn ršp ảry
bn xlmn ảry
bn ḫṣbn ảry
bn šdy[d] ảry
bn ktkt mʿqby
bn - - - šlḫny[e]
b[n] - - - - rʿy
[bn - - - - r[ʿy]
b[ ]
bn - - - [ủš]kny
bn kd*x*n ủškny
bn lgn ủškny
bn ảbn ủškny
bn ảrz šʿrty
bn ỉbrd mʿrby
ṣdqn[f] gbʿly[g]
bn ypy gbʿly
bn grgs ỉlštmʿy[h]
bn ḫrản ỉlštmʿy
bn ảbdʿn ỉlštmʿy
bn ʿn rqdy
bn gʿyn
bn xrn
bn ảgynt
bn ảbdḫr snry
-[i] qn šlmn
prdn ndb-[k]

Keilschrifttexten von Tell Ḫalāf (Oppenheim-Festschrift, S. 72). [c] Vgl. den ḫurritischen Namen *Tagi-šenni* in JAOS 55, 98. [d] Vgl. סודי Nu 13_{10}. [e] Nach Syria XV 248 heißt es von der Göttin ʿAnat, daß sie *tḫtṣb bn šlḥnm*. [f] *Ṣdqn* auch auf einem Cylinder Syria X 308^1. [g] Wohl von גבל, zum [c] vgl. 55^f. [h] Vgl. bibl. אשתמוע. [i] Mißratenes Zeichen. [k] Vgl. *ndbd* 14_9.

*ḫ*rn ḫbty
ʾbmn bn qdmn
nʿmn bn ʿbdȝlm

Nr. 57.

Syria XV 249.

a
-mmrkm
bȝr ḫmš
ȝškn[a] ʾrbʿ
ȝbrʿy ŝlŝ
ʾr ŝmn · ʿšrh
mlk ʾrbʿ
xbl ḫmš
ʾtlg ḫmš · ʿšr[h]
ȝlm[b] ŝ[ŝ]
mʿrby ḫmš
mʿbq ʾrbʿ

b
-km[
*b*ḫn*p*[
ȝšk[n
ȝbr[ʿy
ʾr[
mlk[
xbl[
ʾtl[g
ȝ[lm
m[ʿrby
m[ʿbq

Nr. 58.

Syria XV 250.

- - - - -̥ r
- - -(h/ȝ)ln
yʿrtym
bn ʿŝrn[a]
bqʿty[b]

---

57. [a]Vgl. $56_{21\,ff.}$ [b]Vgl. $30_{3.\,5.}$

58. [a]Oder *gŝrm*? Das ʿ steht hier nicht schräg, sondern gerade wie *g*. *gŝr* auch $5_{11.\,14}$ und $18_{14.\,16.\,20}$. [b]Von בִּקְעָה.

Nr. 59.

Syria XV 243.

Winziges Täfelchen, nur auf einer Seite beschrieben.

1 khnm tšt 2 bnšm w ḥmr
3 qdšm tšt 4 bnšm w ḥmr

Nr. 60.

Syria XIV 128—151: La naissance des dieux gracieux et beaux. Gefunden 1930. Die Vorderseite ist durch Striche in Abschnitte eingeteilt, während auf der auch enger geschriebenen Rückseite die Einteilung fehlt.

1 ȝqrʾ ȝlm nʿ[mm][a] 2 wysmm bn š[rm][b]
3 ytnm qrt lʿl*y* . . .[c]
4 bmdbr špm yd - - - - - *r*
5 lrȝšhm wyš - - - - -m
6 lḥm blḥm · [ʾ]y · w šty bḫmr · yn · ʾy
7 šlm · *tmlk* šlm mlkt ʿrbm wŝnnm[d]

---

8 mt wšr yŝb, bdh ḫṭ ŝkl, bdh[e] 9 ḫṭ ʒlmn[e']
yzbrnn zbrm · gpn
10 y[ṣ]mdnn ṣmdm gpn
yšql šdmth 11 km · gpn

---

12 šbʿd yrḫm ʿl ʿd wʿrbm tʿnyn[f]

---

13 w · šd šd · ȝlm šd · ʾŝrt wrḥm[f']

---

60. [a] Ergänzt nach Z. 23, 60, 67. [b] Ergänzt nach Z. 22. Ob dahinter noch etwas gestanden hat, ist ungewiß. [c] Größe der Lücke unsicher. [d] Vgl. 13_{18}: *wmŝnn*. [e] Nach Vir. = *bydh* „in seiner Hand“, vgl. auch zu *bd* B I 25. [e'] Zu *ŝkl* und ʒ*lmn* vgl. שׁכיל ואלמן Jes. 47_{9}. [f] Oder *qnyn*? [f'] Z. 16

14 ʿl ȝšt šbʿd xzrm
ṭb[ḫ g]d bḥlb ȝnnḫ · bḫmʾt
15 w · ʿl ʾgn šbʿdm dx - - - - - t

16 tlkm rḥmy wtṣd - - - -
17 tḥgrn xzr · nʿ[m ȝlm] 18 wnšm
ʿrbm yr . . .[g]

19 mšbt ȝlm šmn š . . . 20 pʾmt šbʿ

21 ȝqnȝ šmt 22 [b]n šrm

23 ȝqrʾn ȝlm nʿmm
[ʾgzr ym bn] ym 24 ynqm bʾp · zd[h] ʾšrt
[*nrt ȝlm*] 25 špš myprt[i] dlthm - - -[j]
26 w xnbm[k] šlm ʿrbm šn[nm] 27 hlkm bdbḥ · nʿmt

28 šd · ȝlm šd ʾšrt w · rḥmy 29 - - - -y[š]b

30 - - - - b*h* gp · ym wyṣ*md* gp thm
31 - - - - - - - mštʿltm mštʿltm lrȝš ʾgn
32 hlh -š(ȝ/h)l hlh trm
hlh tṣḥ ʾd · ʾd
33 whlh tṣḥ ȝm ȝm
tȝrkm yd ȝl kym 34 wyd · ȝl kmdb
ʾrk yd ȝl kym 35 w yd ȝl kmdb
yqḥ ȝl mštʿltm 36 mštʿltm lrȝš ʾgn
yqḥ yš⟨t⟩ bbth
37 ȝl ḫṭh nḥt, ȝl ymnn mṭ[l] ydh
yšȝ 38 yr šmmh, yr bšmm ʿṣr
yḫrt · yšt 39 lpḥm
ȝl ʾštm kypt hm ʾštm tṣḥn
40 y · mt mt nḥtm ḫṭk, mmnnm mṭ · ydk
41 h[l] ʿṣr tḥrr lȝšt, ṣḥrrt lpḥmm
42 ʾ[š]tm ʾšt ȝl, ȝl w ʿlmh
whm 43 ʾ[š]tm tṣḥn

---

u. 28 *Rḥmy* [g] Größe der Lücke unsicher. [h] Statt *zd ʾšrt* Z. 61: *šd št*. [i] Vgl. arab. *muwaffirat* „reichlich spendend". [j] Es fehlen drei Zeichen oder nichts. [k] = ענבים. [l] *mṭ* =

y ʾd · ʾd nḥtm ḫṭk [44]mmnnm mṭ · ydk
hl ʿṣr tḥrr lỉšt [45]wṣḥrrt[m] lpḥmm
btm bt ỉl, bt ỉl [46]wʿlmh
whn ʾŝtm tṣḥn
y mt mt [47]nḥtm ḫṭk, mmnnm mṭ · ydk
hl ʿṣr [48]tḥrr lỉšt wṣḥr⟨r⟩t lpḥmm
ʾŝtm ʾ[ŝt ỉl] [49]ʾ[ŝ]t ỉl wʿlmh
yhbr špthm yš[ủ]
[50]hn špthm mtqtm, mtqtm klrmn,
[51][b]m nšq whr, bḥbq ⟨w⟩ḥmhmt
tqt[nṣn w] [52]tldn šḥr wšlm
rgm lỉl ybl
ʾŝ[ty] [53]ỉl y[l]t, mh ylt
yldy šḥr wšl[m]
[54]šủ ʿdb lšpš rbt wlkbkbm kn-
[55]yhbr špthm yšủ
hn špthm mtqt[m]
[56]bm nšq whr, [b]ḥbq wḥ[m]ḥmt
(yŝb*n* [57]yspr lḫmš lṣ*b* - - - - šr pḫr klʾt)[n]
[58]tqtnṣn wtldn tld [ỉlm] nʿmm
(ʾgzr · ym [59]bn ym, ynqm bʾp [šd št])[o]
[r]gm lỉl ybl
[60]ʾŝty ỉl ylt mh ylt
ỉlm [*y*][p] nʿmm - - -k
[61]ʾgzr · ym bn · ym, ynqm bʾp šd št[q]
špt [62]lʾrṣ špt · lšmm[r]
wlʿrb bphm ʿṣr šmm [63]wdg · bym
wndd gz*r* l*z*- - ı yʿdb ủymn [64]ủšmʾl bphm
wld · šbʿn*y* ʾŝt ỉtrḫ
[65]ybn ʾš*d*d šủ ʿ*db* · tk mdbr · qdš

מפּה, [m]Vgl. *špš* . . . *ṣḥrrt* A II 24, B VIII 22. [n]Anweisung für den Schreiber oder den Rezitator, vgl. B V 104, auch A V 20. [o]Fehlt oben, wohl Irrtum. [p]*y* scheint getilgt. [q]Vgl. Z. 24: *bʾp zd ʾŝrt.* [r]Vgl. A* II 2 ff.

[66]ŝm tgrgr lʾbnm, wl ʿṣm šbʿ šnt
[67]tmt ŝmn nqpt ʿd ꜣlm nʿmm
ttlkn[a] [68]šd, tṣdn[a] pʾt ṁdbr
wngš hm nxr [69]mdrʿ wṣḥhm ʿm nxr mdrʿ
y nxr [70][n]xr pt[ḥ] wptḥh · w prṣ bʿdhm
[71]wʿrb h*l* h*m* - - - - - - [l]ḥm wtn [72]wnlḥm
hm ꜣŝ [yn]- - - - -[w]tn wnšt
[73]w · ʿnhm nxr · mdrʿ- - - - - - - - - - -
[74]ꜣŝ yn d(š/ʿ)rb bŝk- - - - - - - - - - -
[75]mx(ꜣ/h)pt lhn lgynh- - - - - - - - - - -
[76]wḥbrh mlʾyn

Nr. 61.

Zwei Stelen aus Kalkstein, gefunden 1934, wohl in einem Heiligtum des Gottes Dagon. Beschrieben Syria XVI 155 f. von Schaeffer, veröffentlicht S. 177 ff. von Dussaud. A ist vollständig erhalten, 870 mm hoch, 380 breit, 155 dick, bei B fehlt die linke untere Hälfte. Beide Stelen dienen dem Gedächtnis an ein dargebrachtes Opfer.

A. skn[a] dšʿlyt [2]*t*ryl ldgn pgr[b]
[*š*] wʿlp · lʾkl

B. pgr dšʿly [2]ʿzn ldgn bʿlh
[*š* wʾl]p bmḥr*t*

Nr. 62.

1934 gefundenes Bruchstück, RŠ 6215, Syria XVI 181 f. Anscheinend Opferbestimmungen, die die Sonnengöttin betreffen.

---

[a] Vgl. A* VI 26, A II 15.

61. [a] ***skn*** nach Syria XVI 183 wohl „Stele“. [b] Vgl. *špš pgr* 1 11.

. . . . .

]ʾrbʿ[m
3 ʾ]rbʿm[
]ʿm[
5 t]šʿm[
]y · ʾrbʿm[
]lšpš · šmny[m
]dbrh · lšp[š
]dbrh · lšp[š
10]npṭryš[
]ʒrm[

Nr. 63.

1934 gefundenes Bruchstück, RŠ 6133, Syria XVI 182 f.

ʒlʒb[a] ʒl |
[ ]

Nr. 64.

Bruchstück RŠ 6174, gefunden 1934, Syria XVI 184 f.

V 1](k/r)ydm · ym
]ydm · nhr
3]qrtxt
]hʾḫd ◦
5]ʿl - ◦ ◦

R 1 . . . . .
]*t*sḥš[
3]mnty[
]rb · spr · ḫbb
]n · dbḥm
6] | ʿbdssm[a]

63. [a]Nach Syria XVI 188 heißt es in der Daniel-Legende: *nṣb skn ʒlʒbh b qdš.*

64. [a]עבד ססם auch in kyprischen Inschriften. Vgl. G. A. Cooke, A Text-Book of North-Semitic Inscriptions, S. 62.

Zu den Tafeln A*, A, B, C.

Diese 4 Tafeln gehören zum Mythos des Alʾiyan Baʿal. A* und A bilden ein zusammengehöriges Ganzes, beide in sechs Kolumnen und von demselben Schreiber geschrieben.

Tafel A (gefunden 1930, aber ohne Anfang und Schluß) in Syria XII 193—224: La lutte de Môt, fils des dieux, et d'Aleïn, fils de Baʿal. Dazu Note complémentaire S. 350—357. Anfang und Schluß dieser Tafel (A I 1—68 und A VI 38—57) wurden erst 1933 gefunden und veröffentlicht Syria XV 226—243: Fragment nouveau du poème de Môt et Aleyn Baal.

Tafel A*, aus zwei 1930 und 1931 gefundenen Stücken zusammengesetzt, in Syria XV 305—336: La mort de Baal.

Tafel B ist die umfangreichste der bis jetzt veröffentlichten, achtkolumnig, aus sechs Bruchstücken zusammengesetzt, die 1930 und 1931 gefunden wurden. Syria XIII 113—163: Un nouveau chant du poème d'Aleïn Baal. Möglicherweise ist B (mit Zwischenglied?) vor A* zu setzen.

Tafel C, gefunden 1931, enthält die Kolumnen I und IV einer vierkolumnigen Tafel, doch ist nicht zu erkennen, welche I und welche IV ist. Ca in Syria XVI 29—45: La révolte de Košer contre Baal.

Tafel A*.

Kol. I.

ktmḫṣ · ltn[a] bšn[b] brḥ[c]
[2]tkly bšn · ʿqltn[d] [3]šlyṭ d šbʿt · rʾšm

I. [a]*ltn* = לויתן, [b] = arab. *baṯan*, hebr. פתן. [c] Vgl. נחש ברח Jes. 27_1. [d]עקלתון Jes. 27_1.

[4]tŝkḥ ttrp šmm krs [5]ꜣpdk
ʾnk · ꜣspꜣ ʒṭm [6]śrqm ʾmtm
lyrt [7]bnpš bn · ꜣlm · mt
bmh [8]mrt ydd[e] ꜣl xzr
[9]tbʿ wl yŝb · ꜣlm[f]
ꜣdk [10]lytn pnm ʿm bʿl [11]mrym ṣpn
wyʿn [12]gpn wʒgr[g]
tḥm bn · ꜣlm [13]mt
hwt ydd bn[h] · ꜣl [14]xzr pnh[i]
š npš lbꜣt [15]thw
hm[j] brlt ʾnḫr [16]bym
hm brky tkšd[k] [17]rʒmm ʿn kśd[k] ʾylt
[18]hm · ꜣmt · ꜣmt npš b⟨*r*⟩lt [19]ḥmr*m*
hmt bklʾt [20]ydy · ꜣlḥm
hm šbʿ [21]ydt · *y*bṣʿ
hm ks ymsk[22]nh · *w*k(d/l)
ṣḥʾ[k'] · bʿl · ʿm [23]ʾḫy[*n*]
wʾn h(b/d) ʿm ʾryy[l]
[24]wlḥm*m* · ʿm ʾḫy lḥm
[25]wštt · ʿm ʾ[ḫ]yn
[26]p*n*št bʿl [y]ʿn
ꜣṭʿnk [27]- - - - - - - - -k
ktmḫṣ [28][ltn bŝn br]ḥ[m]
tkly [29][bŝn ʿqltn] šlyṭ [30][d šŧʿt rʾšm]
tŝkḥ [31][ttrp šmm krs ꜣpd]k

(Lücke von etwa 35 Zeilen)

---

[e] *Ydd ꜣl xzr* steht immer parallel-identisch zu *bn ꜣlm Mt.*
[f] So auch II 13. [g] Diese doppelnamige Gottheit auch B VII 54, VIII 47. [h] Dieses *bn* nur hier, vgl. II 18: *bn Bʿl.*
[i] Oder gehört *pnh* zum Folgenden? [j] hm = הנה. [k] Beachte die Schreibung mit *š* und *ś* nebeneinander. [k'] *ṣḥn* zu lesen?
[l] Zu *ʾryy* vgl. A I 41ff., B IV 49. [m] Ergänzt nach oben Z. 1ff.

Kol. II.

(Lücke von etwa 12 Zeilen)

- - - - - - - - - - - - - - -m
^{2}[špt lʾ]rṣ špt lšmm[a]
- - - ı šn lkbkbm
yʿrb ^{4}[bʿ]l bkbdh bph · yrʾd
^{5}kḫrr zt ybl ʾrṣ wpr ^{6}ʿṣm
yrʾȝn[b] ʾlɜyn bʿl
^{7}ŝtʿ[c] nn[d] rkb · ʿrpt
^{8}t̮b[e] rgm lbn ɜlm mt
^{9}ŝny lydd · ɜl · xzr
^{10}tḥm ʾlɜyn bʿl hwt ʾlɜy ^{11}qrdm[e]
bhŝ[e'] lbn ɜlm · mt
^{12}ʿbdk ʾn wdʿlmk[f]
^{13}tbʿ wl yŝb ɜlm ·
ɜdk[g] ^{14}lytn pn ʿm bn ɜlm mt
^{15}tk · qrth hmry
mk ksȝ ^{16}ŝbty ʾrṣ nḫlth[g]
tšʾ ^{17}ghm wtṣḥ
tḥm ʾlɜyn ^{18}bn[h] bʿl hwt[i] ʾlɜy qrdm
^{19}bhŝ bn ɜlm mt
ʿbdk ʾn ^{20}wdʿlmk
šmḫ bn · ɜlm mt
^{21}- - h̥ wʾṣḥ ɜk ylḥn[j]
^{22}- - - - - - -*yt*r ȝn[k] hd
^{23}- - - - - - -*k*p mlḥmy
- - - - - - -lt qṣ̄b
^{25}- - - - - - - - -šmḥy
^{26}- - - - - - - - - -bʿ

(Lücke von etwa 26 Zeilen)

II. [a]So auch 60$_{62}$. [b]Ob *yrʾ·ȝn?* [c]Wohl so und nicht *ŝq* zu lesen. Vgl. A VI 30: *ŝtʿ ydd ɜl xzr*. [d]Vgl. 54$_{18}$. [e—e]Vgl. B VIII 29 ff. [e']Vgl. *bŝ lʾlɜyn Bʿl* Ca 28. [f]Vgl. *dʿlnh* B IV 44. [g]Zu *ɜdk* . . . *nḫlth* vgl. VIII 10—14. [h]Sonst immer nur *ʾlɜyn bʿl*. [i]*hwt* = akk. *awātu* „Wort, Rede“. [j]A I 48: *ydʿ ylḥn*. [k]Nach Vir. scheint hier *n* oder *t* getilgt.

Kol. III.

(Lücke von etwa 10 Zeilen)

[ ]
- -[r]bt ŝbt | - - - - - - - -
rbt ŝbt ḥ- - - - - - -
y ʾrṣ ḥšn- - - - - - -
tʿtd[a] tkl- - - - - - -
tkn lbn[k]- - - - - - -
dt lbnk · - - - - - - - -
dk k kbkb- - - - - - -
dm mt ʾṣḥ- - - - - - -
ydd bqr[b]- - - - - -
ʾl ʾšt b- - - - - - -
ʾhpkk l- - - - - - -
ŝmm wlk · - - - - - - - -
wlk ꜣlm · - - - - - - - -
nʿm ꜣlm- - - - - - -
šgr mȝ[d]- - - - - - -
šgr mȝ[d]- - - - - - -
dm mt ʾṣ[ḥ]- - - - - -
yd⟨d⟩ bqrb- - - - - - -
wlk ꜣlm | - - - - - - - -
wrgm l- - - - - - -
bmȝd ṣꜣ[n]- - - - - -
mȝd ṣȝn- - - - - -
ꜣŝm mȝꜣ - - - - - - - -
dm mt ʾ[ṣḥ]- - - - - -
ydd bqr[b]- - - - - -
ŝmm wlk- - - - - -
- -ŝ lk- - - - - - -
-*r*ŝ ꜣ- - - - - - -

(Lücke von etwa 25 Zeilen)

III. [a] Vgl. IV 24, VI 4.

Kol. IV.

(Lücke von etwa 30 Zeilen)

*p*šn- - - - - - - - -
wlṭlb ı - - - - - - - -
mꜣt rḥ- - - - - - - -
tṭlb ʾ-[a]- - - - - - -
yšꜣ gh- - - - - - -
ꜣ ʾp bʿ[*l*]- - - - - - -
ꜣ hd d- - - - - - - -
ynpʿ bʿ[l]- - - - - - -
bs̊mnt ı - - - - - - - -
yqrb ı - - - - - - - - -
[l]ḫm m- - - - - - - -
[ʿ]d · lḥm [šty ꜣlm][b]
wpq · m[rxs̊m s̊d]
bḥrb [mlḥt qṣ mrꜣ]
šty · kr[pnm yn]
[b]ks · ḫr[ṣ dm ʿṣm]
ks ks[p]- - - - - - -
krpn ı - - - - - - - -
wts̊tn(y/ḫ)- - - - - - -
tʿl trs̊- - - - - - - -
bt ꜣl lꜣ[*mm*]- - - -
ʿl ḥbš ı -[c]- - - - - -
mn lꜣk ı - - - - - - - -
lꜣk tl- - - - - - - -
tʿddn- - - - - - - -
nꜣṣ p- - - - - - - -

(Lücke von etwa 10 Zeilen)

IV. [a] *k/p/r.* [b] Die Ergänzungen nach B III 40 ff., VI 55 ff.
[c] *k/p/r/w.*

Kol. V.

(Lücke von etwa 31 Zeilen)

[1]- - - - - - - - - - - ʾlȝyn
[bʿl]- - - - - ȝ[a]pdprk
- - - - - - - - mnk ššrt
- - - - - - - - | npš ʿgl
[5]- - - -k ʾštn bḫrt[b]
ȝlm ʾrṣ wʾt qḥ
[7]ʿrptk rḥk mdlk [8]mṭrtk
ʿmk šbʿt [9]xlmk šmn ḫnzrk
[10]ʿmk pdry bt ʾr[c]
[11]ʿmk tṭly bt rb[d]
ȝdk[e] [12]pnk ʾl · ttn tk · xr [13]knkny
šʾ xr · ʿl · ydm
[14]ḫlb lṣ̄r rḥtm ·
wrd [15]bt · ḫpšt ʾrṣ ·
ts[p]r · by[16]rdm ʾrṣ[e]
wtdʿ ȝll [17]kmtt
yšmʿ ʾlȝy⟨n⟩ bʿl
[18]yʒhb ʿglt bdbr
prt [19]bšd šḥlmmt[f]
škb [20]ʿmnh šbʿ lšbʿm
[21]tš-ly šmn lšmnym
[22]w- - -rn wtldn · mš
[23]ʾl- - - -l · šlbšn
[24]ʒ - - - - - -lh mxṣ̄[g]
[25]y- - - - - - | lȝrth[h]

(Lücke von etwa 11 Zeilen)

V. [a]Von ȝ ist auf der Autographie nichts zu sehen. Vgl. *ȝpdk* A* I 5. [b]A I 17: *tštnn bḫrt.* [c]B I 17: *mšb pdry bt ʾr.* [d]B I 18: *mṣll ṭly bt rb* [e]Zu *ȝdk* bis *ʾrṣ* vgl. B VIII 1—9. [f]*šd šḥlmmt* auch VI 7. 29, A II 20. [g]*mxṣ̄* B I 23 par.-identisch mit *mgn.* [h]A III 19 *bȝrty* „in meiner Brust“

Kol. VI.

(Lücke von etwa 30 Zeilen)

1 [ ]
- - - - - - - - - - - - -šnm
- - - - - - - - - - - - -ḥ sbn
- - - - - - - - - - - - -ʿd*n*
5 ksm[a] mhyt
[m]xny[b] 6 lnʿmy ʾrṣ dbr
7 lysmt šd šḥlmmt[b]
8 mxny lbʿl npl lʾ 9 rṣ
mt[c] ʾlʒyn bʿl 10 ẖlq zbl bʿl ʾrṣ[c]
11 ʾpnk lṭpn ʒl 12 dpʒd[d] yrd lksʒ
ys̊b 13 lhdm [w]l hdm ys̊b 14 lʾr[ṣ]
yṣq ʿmr 15 ȝn lrʒšh
ʿpr pls̊t 16 l qdqdh
lpš[e] yks 17 mʒzrtm
xr bʾbn 18 ydy psltm byʿr
19 yhdy lḥm wd[q]n
20 ys̊ls̊ qn śrʿh
yḥrs̊ 21 kgn ʾplb
kʿ[m]q ys̊ls̊ 22 bmt
yšȝ gh wyṣḥ
23 bʿl mt
my lʒm bn 24 dgn[f]
my hmlt[g] ʾs̊r 25 bʿl
ʾrd bʾrṣ
ʾp 26 ʿnt ttlk wtṣd
kl xr 27 lkbd ʾrṣ kl gbʿ 28 [lk]bd[h] šdm
tmx lnʿm 29 [y ʾrṣ][h] dbr
ysmt šd [š 30 ḥl][h] mmt
t[mx] lbʿl np[l] 31 [lʾ]r[ṣ][i]
[lpš] tks mʒ[zrtm][j]

VI. [a] *ksm* auch 1 9. [b] *mxny . . . šḥlmmt* vgl. A II 19f. [c] *mt . . . ʾrṣ* vgl. A I 19 f. [d] *Lṭpn ʒl dpʒd* ist ein Beiname des El. [e] *lpš* auch A II 10. [f] *bn Dgn* auch A I 52. [g] *hmlt ʾrṣ* A II 18, V 25, B VII 52. [h] Ergänzt nach A II 16 ff. [i] Ergänzt nach Z. 8, 9. [j] Ergänzt nach Z. 16, 17. A I 2 schließt sich unmittelbar hier an.

Tafel A.

Kol. I.

(Die 67 Zeilen dieser Kolumne sind hier durchgezählt [= 1*—28* + 1—39 der früheren Zählung]).

(l · b‹l)[a]
^{2}xr b›b⟨n⟩ td, [p]sltm [by‹r][b]
^{3}thdy lḥm wdqn
[tŝlŝ] ^{4}qn ŝr‹h
tḥrŝ km gn[c] ^{5}›plb
k‹mq tŝlŝ bmt
^{6}b‹l mt
my lȝm bn · dgn
^{7}my hmlt ›ŝr b‹l
nrd[c'] ^{8}b · ›rṣ ‹mh
trd nrt ^{9}ȝlm špš
‹d tšb‹ bk, ^{10}tšt kyn ʒdm‹t
gm ^{11}tṣḥ lnrt ȝlm špš
^{12}‹ms · m‹[d] ly ›lȝyn b‹l
^{13}tšm‹ nrt ȝlm špš
^{14}tšʒ · ›lȝyn b‹l lktp ^{15}‹nt
k · tšth tš‹lynh ^{16}bṣrrt ṣp‹n[e]
tbkynh ^{17}wtqbrnh
tštnn bḫrt ^{18}ȝlm ›rṣ
tṭbḫ šb‹m ^{19}rʒmm kgmn ›lȝyn ^{20}b‹l
t̮ṭbḫ šb‹m ›lpm ^{21}[kg]mn ›lȝyn b‹l
^{22}[tṭ]bḫ šb‹m ṣȝn ^{23}[kgm]n ›lȝyn b‹l
^{24}[t̮ṭb]ḫ šb‹m ›ylm ^{25}[kgmn] ›lȝyn b‹l
^{26}[tṭbḫ š]b‹m y‹lm ^{27}[kgmn ›l]ȝyn b‹l
^{28}[t̮ṭbḫ šb‹m] ḥmrm ^{29}[kgmn] ›lȝyn b[‹l][f]

I. [a]*l B‹l* ist offenbar Inventarvermerk: zum Ba‹almythos gehörig. [b] Ergänzt nach A* VI 18 ff. [c] A* VI 21: *kgn*. [c'] Sollte *›rd* zu lesen sein wie A* VI 25? [d]*m‹* ist Verstärkung des vorausgehenden Imperativs. [e] = צפון, vgl. 55 f. [f] Die Zeilen 29—67 sind in der ersten Veröffentlichung, da der

- - -[30]- - -ḥh pštbm[g] ʿ-
[31]- - -zrh ybm lỉlm
[32][ỉd]k[h] lttn · pnm ʿm [33][ỉ]l
mbk · nhrm[i], qrb [34][ʾ]pq[j] thmtm
tgly šd [35]ỉl · wtbủ qrš [36]mlk ʾb šnm
lpʿn[k] [37]ỉl thbr wtql
[38]tštḥwy wtkbdnh [39]tšủ gh wtṣḥ
tšmḫ · ht [40]ʾšrt wbnh
ỉlt wṣb[41]rt ʾryh
kmt ʾlỉyn [42]bʿl, kḫlq zbl bʿl [43]ʾrṣ
gm yṣḥ · ỉl [44]lrbt ʾšrt · ym
šmʿ [45]lrbt[l] ʾ[šrt] · ym
tn [46]ʾḥd b b[ny]k · ʾmlkn
[47]wtʿn rbt ʾšrt · ym
[48]bl nmlk ydʿ ylḥn[m]
[49]wyʿn lṭpn ỉl dpỉ[50]d
dq ʾnm lyrṣ[n] [51]ʿm bʿl
lyʿdb mrḥ [52]ʿm bn dgn ktmsm
[53]wʿn[o] rbt ʾšrt · ym
[54]blt, nmlk ʿštr ʿrṣ̄, [55]ymlk ʿštr ʿrṣ̄
[56]ʾpnk ʿštr ʿrṣ̄ [57]yʿl bṣrrt ṣpn
[58]yšb lkḥš[o'] ʾlỉyn [59]bʿl
pʿnh ltmxyn [60]hdm[p], rỉšh lymxy [61]ʾpsh
wyʿn ʿštr ʿrṣ̄ : [62]lʾmlk bṣrrt ṣpn
[63]yrd ʿštr ʿrṣ̄, yrd [64]lkḥš ʾlỉyn bʿl
[65]wymlk bʾrṣ ỉl klh
[66]- - - - šʾbn brḥbt [67]- - - -[š]ʾbn bkknt[q]

Anfang noch fehlte, als 1—39 gezählt. [g]So die Autographie, dagegen Syria XV 236: *tštbm*. [h]Zu Z. 32—39 vgl. B IV 20—26. [i]Vgl. מבכי נהרות Hiob 28_{11}. [j]Vgl. אפיקי ים 2. Sam. 22_{16}. [k]*pʿn* = פעם „Fuß" (Baneth). [l]*lrbt* „o Herrin!" [m]Vgl. *ỉk ylḥn* A* II 21. [n]Oder *lyrpʿ* gemeint? [o]Änderung in *wtʿn* (Vir.) wohl nicht nötig; vgl. B VI 7, Ca 7, 60_{78} und B V 82: *šmḫ btlt ʿnt*. [o']*kḥš* = Thron. [p]Nach Syria XV 237[1] will Vir. hier *pdm rỉšh* lesen, was bedeuten soll „die Haare seines Hauptes"; das widerspräche aber dem Parallelismus. [q]Sollte statt *bkknt* etwa *dkrt* zu lesen sein, das B VI 54 pa-

Kol. II.

(Lücke von etwa 28 Zeilen)

l - - - - - - - - - - - - - -
wl - - - - - - - - - - - - -
kd - - - - - - - - - - - - -
kd t- - - - - - - [*ym ymm*]
[5]yʿtqn w- - - - -
[ʿnt] [6]tngŝh[a] klb ʾ[rḫ[b]] [7]lʿglh
klb ŝʾ[t] [8]lȝmrh ·
km lb ʿn[t] [9]ʾŝr bʿl[c]
tȝḫd m[t] [10]bsʾn lpš[d], tšṣq - - [11]bqṣ ʾll
tšȝ gh w[tṣ][12]ḥ : ʾt mt tn ʾḫy
[13]wʿn[d'] bn ȝlm mt
mh [14]tʾršn lbtlt ʿnt
[15]ʾn ȝtlk wʾṣd kl [16]xr lkbd ʾrṣ
kl gbʿ [17]lkbd šdm ·
npš ḫsrt [18]bn nšm, npš hmlt [19]ʾrṣ[e]
mxt[f] lnʿmy ʾrṣ [20]dbr, ysmt šd šḥlmt
[21]ngš ʾnk ʾlȝyn · bʿl
[22]ʿdbnn · ʾnk ⟨k⟩[g] ȝmr bpy
[23]kllȝ[h] bŝbrnqy[i] ḫtȝhw[j]
[24]nrt ȝlm špš ṣḥrrt
[25]lʾ šmm byd bn · ȝlm mt[k]
[26]ym ymm yʿtqn lymm [27]lyrḫm rḥm[l]
ʿnt tngŝh [28]klb ʾrḫ lʿglh
klb [29]ŝʾt lȝmrh

---

rallel zu *rḥbt* steht? Graphisch wäre eine solche Verschreibung denkbar.

II. [a] Vgl. arab. *nagaṯa*. [b] *ʾrḫ* (akk. *arḫu*) = Kuh. [c] *ʾŝr Bʿl* auch A* VI 24. [d] *lpš* auch A* VI 16. 31. [d'] Vir. *w⟨y⟩ʿn*, vgl. jedoch *wʿn* A I 53, B VI 7, Ca 7, 60₇₈. [e] *hmlt ʾrṣ* auch V 25, B VII 52. [f] = arab. *maḍaitu*. [g] So nach B VIII 18 zu lesen, [h] *llȝ* (akk. *lalū*) „Zicklein". [i] Vgl. B VIII 19: *bŝbrnqnh*. [j] Vgl. 52₇: *ḫtȝ nḫtȝ*. [k] B VIII 23: *mdd ȝlm mt*. [l] Oder gehört *rḥm* zu *ʿnt*?

km lb [30]ʿnt ʾŝr bʿl tꜣḫd [31]bn ꜣlm mt
bḥrb [32]tbqʿnn, bḫŝr tdry[33]nn
bꜣšt tšrpnn, [34]brḥm tṭḥnn
bšd [35]tdrʿnn · šꜣrh, ltꜣkl [36]ʿṣrm mnth
ltkly [37]npr · [š]ꜣr lšꜣr yṣḥ

Kol. III.

(Lücke von etwa 40 Zeilen)

[1]kḫlq ı - - - - - - - - - -
[2]whm ḥy ʾ]lꜣyn bʿl [3]whm ꜣŝ[a] zbl bʿ[l ʾrṣ]
[4]bḥlm lṭpn ꜣl dpꜣd [5]bšrt bny bnwt
[6]šmm šmn tmṭrn [7]nḫlm tlk nbtm
[8]wꜣdʿ kḥy ʾlꜣyn · bʿl [9]kꜣŝ zbl bʿl ʾrṣ
[10](bḥlm[b] lṭpn · ꜣl · dpꜣ[d] [11]bšrt bny bnwt
[12]šmm šmn tmṭrn [13]nḫlm tlk nbtm)
[14]šmḫ lṭpn ꜣl dpꜣd [15]pʿnh lhdm yŝpd
[16]wyprq lṣb · wyṣḥq [17]yš} gh wyṣḥ
[18]ʾŝbn ʾnk wʾnḫn [19]wtnḫ bꜣrty[c] npš
[20]kḥy ʾl[ꜣ]yn bʿl [21]kꜣŝ zbl bʿl ʾrṣ
[22]gm yṣḥ ꜣl lbtlt [23]ʿnt
šmʿ lbtlt ʿn[t] [24]rgm lnrt ꜣl šp[š]

Kol. IV.

[25]pl ʿnt šdm yšpš
[26]pl ʿnt šdm · ꜣl yštk[*n*]
[27]bʿl ʿnt mḥrŝt
[28]ꜣy ʾlꜣyn bʿl [29]ꜣy zbl bʿl ʾrṣ
[30]ttbʿ btlt ʿnt
[31]ꜣdk lttn pnm [32]ʿm nrt ꜣlm špš
[33]tš} gh wtṣḥ

III. [a]*ꜣŝ* = יֵשׁ. [b]Z. 10—13 wohl Dittographie. [c]*ꜣrt* (akk. *irtu*) = Brust.

IV. [a]Beachte das auslautende *h* gegenüber *mḥrŝt* Z. 27.

[34]tḥm ŝr ỉl ʾbk [35]hwt lṭpn ḥtt[k]
[36]pl ʿnt šdm yšpš
[37]pl ʿnt šdm ỉl y[štk*n*]
[38]bʿl ʿnt mḥrŝh[a]
[39]ỉy ʾlỉyn bʿl [40]ỉy zbl bʿl ʾrṣ
[41]wtʿn nrt ỉlm [42]š[pš]
šdyn ʿn bqbt[*k*] [43]b*l*lyt ʿl ủmtk
[44]wʾbqŝ ʾlỉyn bʿl
[45]wtʿn btlt ʿnt
[46]ʾn lʿn yšpš [47]ʾn lʾn ỉl yq*r*-[b]
[48]txrk š - - - - - - [49]yštd - - - - - - -
[50]*d*r - - - - - - - - - - - [51]

(Lücke von etwa 40 Zeilen)

Kol. V.

[1]yỉḫd bʿl bn[a] ʾŝrt
[2]rbm ymḫṣ · bktp [3]dkym ymḫṣ bṣmd
[4]ṣḥrm*t* ymṣỉ lʾrṣ [5]- - - - - - ṣ
lksỉ mlkh [6]- - - - lkḥŝ drk[t]h
[7]y - - - | lyrḫm lyrḫm [8]lšnt - - ō bšbʿ [9]šnt
w*hn* bn ỉlm mt [10]ʿm ʾlỉyn bʿl yšủ [11]gh wyṣḥ
ʿlk *b*[ʿ*l*]m [12]pht qlt
ʿlk pht [13]dry ⟨bḫŝr, ʿlk pht bqʿ⟩[b] bḥrb
ʿlk [14]pht šrp b[ỉ]št [15]ʿlk [pht ṭ]ḥn brḥ[16]m
ʿl[k] p[ht] - - (y/ḫ) | - - -brt
[17]ʿlk ph[t] - -(ṣ/l)ḫ - ō [18]bšdm
ʿlk pht [19]drʿ bym mn *r*-
[20]bʾḫr ỉsp[r] wyŝb [21]ʾk d*nr*- - - -ỉm
[22]ʾḥd bʾ - - l - - - - [23](ỉ/h)n- | ʾḥṣ̄ - - - - [24]- - m ¿
ʾkl [wỉmḫṣ] [25][m]kly[c] hmlt [ʾrṣ][d] [26]w - - l
ʾ - - - - - - - - [27]š - - - - - - - - - - - - - - [28]bl....

(Lücke von etwa 35 Zeilen)

---

[b]Statt *yqr-* ist nach Z. 26 vermutlich *yštk* zu lesen.

V. [a]*bn* = בני. [b]Ergänzt nach II 30 ff., scheint versehentlich ausgelassen. [c]*ʾakallī waʾimḫaṣu mukalliya.* [d]Z. 24, 25 ergänzt nach brieflicher Mitteilung Virolleauds.

Kol. VI.

[1]- - - - - - - - - - - -*k*dh [2]- - - - - - - - - - -ršh
[3]- - - - - - - - - - -*k*ỉ [4]- - - - - - - - - - - - -*p* [5]- - - - - -
[*bn* ꜣ*lm*] mt [6]- - - - - - - -*m*r
lꜣmm [7]- - - - - - - [b]n ꜣlm mt [8]- -ỉ̥- šbᶜt xlmh
[9]- - ̥- ı bn ꜣlm mt [10]p*h*n
ᵓḫym ytn bᶜl [11]lpỉy bnm ỉmy klyy
[12]yšb ᶜm bᶜl ṣrrt [13]ṣpn, yšỉ gh wyṣḥ
[14]ᵓḫym ytnt bᶜl [15]lpỉy bnm ꜣmy kl[16]yy
ytᶜn kgmrm [17]mt ᶜz bᶜl ᶜz
ynghn [18]krỉmm mt ᶜz bᶜl [19]ᶜz
ynškn kbšnm [20]mt ᶜz bᶜl ᶜz
ymṣḫn [21]klsmm mt ql [22]bᶜl ql
ᶜln špš [23]tṣḥ lmt
šmᶜ mᶜ [24]lbn ꜣlm mt
ꜣk tmt*ḫ*[25]*ṣ* ᶜm ᵓlꜣyn bᶜl
[26]ꜣk ᵓl yšmᶜk šr [27]ꜣl ᵓbk
l ysᶜ ᵓlt [28]šbtk
lyhpk ksᵓ mlkk [29]lyšbr ḫṭ mšpṭk[a]
[30]yrd bn ꜣl⟨m⟩ · mt[b], štᶜ[c] y[31]dd ꜣl xz[r]
*y*ᶜrmt [32]bqlh y - - - - - - - -
[33]bᶜl yššbn - - - - - - -
[34]mlkh l*r* - - - - - - [35]drkth
- - - - - - - - - [36]- - - n - - - - - -
[37]- - - - - ᶜ̥n ı hn - - - - - - - - -
[38]- - - - - - - šnt · *p*ꜣ*t*
[39]- - - - - - - - - qbᵓt
[40]- - - -r ꜣnšt
[41]- - -ỉ · ltštql
[42]- - - ṭry ᵓp ltlḥm [43][l]ḥm trmmt
ltšt [44]yn txšyt
špš [45]rpꜣm tḥtk [46]špš tḥtk ꜣlnym

VI. [a]Vgl. Inschrift des Achiram: תחתספ חטר משפטה תהחפך כסא מלכה. [b]Zur Schreibung mit nur einem *m* vgl. משלמות 2. Chr. 28₁₂. [c]Zu *št*ᶜ vgl. A* II 7.

[47]ʿdk ȝlm hn mtm [48]ʿdk
kŝrm[c'] ḫbrk [49]wḫss dʿtk
[50]bym ɔrš wtnn
[51]kŝr wḫss yd
[52]ytr kŝr wḫss

---

[53]spr[d] · ȝlmlk · šbny
[54]lmd ɔtn prln[e] rb [55]khnm · rb nqdm
[56]ŝʿy nqmd[f] · mlk · ȝgrt
[57]ɔdn · yrgb · bʿl ŝrmn[g]

Tafel B.

Kol. I.

(Lücke von etwa 20 Zeilen)

[- - lyṣ]ḥ ŝr [5][ȝl ɔbh ȝ]l[a]· mlk[b] [dyknnh yṣ]ḥ
ɔŝ[7][rt wbnh ȝ][c]lt [9][wṣbrt ɔry]h
[[10]wn ȝn bt lbʿl km ȝlm wḥẓr kbn ɔŝrt]
[13]mŝb · ȝl mẓll [14]bnh
mŝb rbt [15]ɔŝrt ym
mŝb [16]klt knyt
[17]mŝb pdry b⟨t⟩ · ɔr [18]mẓll ṭly[d] bt · rb
[19]mŝb ɔrṣy bt yʿbdr
[20]ɔp mŝn rgmm [21]ɔrgmk šskn[e] · mʿ
[22]mgn[f] rbt ɔŝrt · ym [23]mxẓ̄[f] qnyt ȝlm
[24]hyn ʿly lmpḫm [25]bd[g] ḫss[h] mṣbṭm

[c'] Der göttliche Baumeister und Schmied, der die drei Namen *Kŝr*, *Ḫss* und *Hyn* führt. Vgl. B I 24, 25 und B V—VIII passim. [d] Unterschrift des Schreibers der Tafel. [e] Vgl. *ȝn ɔtn* „Gott *ɔtn*" 4_1. [f] *Nqmd*, in babyl. Keilschrift *Ni-iq-me-aš*, König von Ugarit. [g] Zu *ŝrmn* vgl. 1_{12}.

I. [a] Ergänzt nach IV 47 ff. [b] Zeile 6 scheint unbeschrieben. [c] Die Spuren in der Autographie stimmen aber nicht zu ȝ. [d] A* V 11: *ṭṭly*, · [e] Vgl. hebr. הסכין. [f] *mgn* = *mmgn*, *mxẓ̄* = *mxẓ̄y* [g] Zu *bd* vgl. *bdh* 60_8 und *bd Bʿl* C 23. [h] Doch wohl *Ḫss* und nicht Verbum wie IV 39: *yḫssk*. Die Identität

[26]yṣq ksp yšl[27]ḥ ḫrṣ
yṣq ksp [28]lʾlpm ḫrṣ yṣq[29]m lrbbt
[30]yṣq yḫm[i] wtbŝḫ
[31]kt ỉl dt rbtm
[32]kt ỉl nbt bksp [33]šmr(z/ḫ)t bdm ḫrṣ
[34]kḥŝ ỉl nḫt [35]bs̄r hdm ỉl[j] [36]dpr · šʾ bbr
[37]nʿl ỉl d qblbl [38]ʿln yblhm ḫrṣ
[39]ŝlḥn ỉl dmlʾ [40]mnm dbbm d ·[41]msdt[k] ʾrṣ
[42]ṣʿ ỉl dqt kʾmr [43]sknt kḥwt ymʾn[l]
[44]dbh rủmm lrbbt

Kol. II.

(Lücke von etwa 16 Zeilen)

[1]- - b - - - - - - - - - - [2]*l*ʾbn- - - - - - - - - -
[3]ʾḫdt plkh - - ̥ ̥ [4]plk qlt[a]
bym ̥ [5]npynh mks bšrh [6]tmtʿ mdh
bym ŝn [7]npynh bnhrm
[8]štt ḫptr lỉšt [9]ḫbrŝ ls̄r pḥmm
[10]tʿpp ŝr ỉl dpỉd [11]txs̄y bny bnwt
[12]bnšỉ ʿnh wtphn [13]hlk bʿl ʾŝtrt[b]
[14]ktʿn hlk btlt [15]ʿnt tdrq ybmt [16]- - - - ı bh pʿnm
[17][tṭṭ bʿ]dn ksl [18][tŝbr ʿln p]nh t[dʿ][c]
[19]txṣ [pnt kslh] [20]ʾnš dt s̄r[h]
[21]tšủ gh wtṣḥ
ỉk [22]mxy[d] ʾlỉyn bʿl [23]ỉk mxyt b[t]lt [24]ʿnt
mḫṣy · ỉ[mt]ḫṣ [25]bny · h*t*[- - -ṣ]brt [26]ʾryy · - - ksp ̥ʾŝrt
[27]ktʿn · pʿl[e] ksp wn - - [28]ḫrṣ

---

von *Hyn* mit *Kŝr w Ḫss* ergibt sich aus den Syria XIII 117[2] angeführten Stellen: *tbʿ Kŝr l ʾhlh, Hyn tbʿ l msknth* und *wrgm l Kŝr w Ḫss, šny l Hyn d ḥrš ydm.* [i] Auch *ḫym* möglich. [j] Text fälschlich *ỉd.* [k] Vgl. מוסדות חבל 2. Sam. 22 16. [l] 2 19: *wnpy ymʾn.*

II. [a] Oder *tʿlt*? [b] *ʾŝrt* oder *ʿŝtrt* gemeint, letztere in den mythol. Texten bis jetzt nur noch Ca 28. [c] Ergänzt von Vir. nach Parallelstelle. [d] Vgl. arab. *maḍā* „gehen“. [e] Oder *s̄l* gemeint?

šmḫ · rbt ʾ[šrt] [29]ym
gm lxlmh[f] [ktṣḫ]
[30]ʿn mkšr ʾpt[*ḥ*] [31]d*g*y rbt ʾšr[t ym]
[32]qḥ ršt bdk - - - - [33]rbt ʿl ydm[g] - - -
[34]bmdd ỉl *y* - - - [35]bym ỉl d[pỉd]
[36]hr ỉl y - - - - - - [37]ʾlỉyn [bʿl - -] [38]btlt [ʿnt - - -]
[39]mh k - - - - - - - [40]wʾt - - - - - - - - [41]ʾšr - - - - - - -
[42]bỉm - - - - - - - - [43]bl l- - - - - - - -
[44]ml - - - - - - - - - [45]dt - - - - - - - - [46]bṭ - - - - - - - -
[47]gm - - - - - - - - - - - [48]yš - - - - - - - - - -

Kol. III.

(Lücke von etwa 12 Zeilen)

[2]- - - - - - - - - - dn [3]- - - - - - - - - dd
[4]- - - - - - - - n kb [5]- - - - - - - ʿ ʾl yns
[6]- - - - - - - - ysdk [7]- - - - - - - ʿ dr dr
[8]- - - - yk wrḥd [9]- - yỉlm dmlk
[10]yʿn ʾlỉyn bʿl [11]yqdd[a] rkb ʿrpt[b] [12]- - ydd wyqlṣn
[13]yqm wywpšn btk [14]p[ḫ]r bn ỉlm
štt [15]- - - bšlḥny qlt [16]bks ỉštynh
[17]-m šn[c] dbḥm šnʾ bʿl šlš [18]rkb ʿrpt
dbḥ [19]bšt wdbḥ (wdbḥ)[d] [20]dnt wdbḥ tdmm [21]ʾmht[e]
kbh bšt ltbṭ [22]wbh tdmmt ʾmht
[23]ʾḫr mxy ʾlỉyn bʿl [24]mxyt btlt ʿnt
[25]tmgnn rbt ʾšrt · ym [26]txṣ̌yn qnyt · ỉlm
[27]wtʿn rbt ʾšrt · ym
[28]ỉk tmgnn rbt [29]ʾšrt ym txṣ̌yn [30]qnyt ỉlm
mgntm [31]šr ỉl dpỉd hm xṣ̌tm [32]bny bnwt

---

[f] Zu *xlm* vgl. arab. *ġulām*. [g] So zu lesen, nicht *ydt*.

III. [a] Statt *yqdd* auch *ytʿdd* möglich. [b] Vgl. רכב בערבות Ps. 68_{5}. [c] Ein Zahlenspruch nach Art von Prov. 6_{16}. Die drei dem Baʿal mißfallenden Opfer sind (1) *dbḥ bšt*, (2) *dbḥ dnt* und (3) *dbḥ tdmm ʾmht*. *kbh bšt ltbṭ* scheint Erklärung zu (2), *bh tdmmt ʾmht* Erklärung zu (3). [d] Dittographie.

wtʿn ^{33}btlt ʿnt
nmgn ^{34}-m rbt ʾšrt ym ^{35}[nx]ṣ qnyt ʒlm
^{36}- - - ı nmgn hwt ^{37}- - ʾlʒyn bʿl
^{38}[wtʿn] rbt ʾšrt ym
^{39}[*šmʿ*] btlt ʿnt
^{40}[- - -tl]ḥm[e] tšty ^{41}[ʒlm wtpq] mrxšm[f] ^{42}[šd - -]
[bḥrb m]lḥt qṣ ^{43}[mrʒ]
[tšty k]rpnm · yn ^{44}[wbks ḫrṣ dm] ʿṣm
(Ende 51:]ʿln, Ende 52:]ln)

Kol. IV.

(Lücke von etwa 10 Zeilen)

^{1}šr [ʒl- - - - - - -] ^{2}ʾš[rt - - - - - -]
^{3}wʾ - - - - - [rbt] ^{4}ʾšrt · ym [mdl ʿr] ^{5}ṣmd pḥl
[št gpnm dt] ^{6}ksp dt yr[q nqbnm] ^{7}ʿdb gpn ʾtnt[k]
^{8}yšmʿ qd⟨š⟩ wʾmr[r][a] ^{9}mdl ʿr ṣmd pḥl
^{10}št gpnm dt ksp ^{11}dt yrq nqbnm ^{12}ʿdb gpn ʾtnth
^{13}yḥbq qdš wʾmrr
^{14}yštn ʾšrt lbmt ʿr ^{15}lysmsmt bmt pḥl
^{16}qdš yʓḫdm šbʿr ^{17}ʾmrr kkbkb
lpnm ^{18}ʾšr btlt ʿnt ^{19}wbʿl tbʿ mrym[b] ṣpn
^{20}ʒdk[c] lttn pnm ^{21}ʿm ʒl mbk nhrm ^{22}qrb ʾpqy thmtm
^{23}tgly šd ʒl wtbʓ ^{24}qrš mlk ʾb šnm
^{25}lpʿn ʒl thbr wtql ^{26}tštḥwy wtkbdh
^{27}hlm ʒl kyphnh ^{28}yprq lṣb wyṣḥq
^{29}pʿnh lhdm yšpd w[y]krkr ^{30}ʓṣbʿth
yšʓ gh wy[ṣḥ]
^{31}ʒk mxyt rbt ʾšr[t y]m ^{32}ʒk ʾtwt qnyt ʒ[lm]
^{33}rxb[d] rxb w(t/q/m)xt - ̥ ^{34}hm xmʓ[d] xmʒt wʿs- -
^{35}lḥm hm štym lḥ[m] ^{36}bšlḥnt lḥm · št[ym]

---

[e] 40—44 ergänzt (zum Teil abweichend von Vir.) nach VI 55 ff. und IV 37 f. [f] Vgl. arab. *raǵaṭa* „säugen“.

IV. [a] *Qdš w ʾmrr* eine doppelnamige Gottheit. [b] *mrym* = מרום. [c] Vgl. A I 4—10. [d] *x* hat in *rxb* (רעב) „hungern“ den Wert eines arab. *ġ*, in *xmʾ* (צמא) „dürsten“ den eines arab. *ẓ*.

[37]bkrpnm yn bk⟨s⟩ ḫrṣ [38]dm ʿṣm
hm yd ỉl · mlk [39]yḫssk ʾhbt šr tʿrrk
[40]wtʿn rbt ʾšrt · ym
[41]tḥmk ỉl ḥkm ḥkmt [42]ʿm · ʿlm ḥyt ḥẓt
[43]tḥmk mlkn ʾlỉy[n] bʿl [44]špṭn wỉn dʿlnh[e]
[45]klnyn q[št]h nb[ln] [46]klnyn [n]bl ksh
[47][ʾn]y *l*yṣḥ šr · ỉl ʾbh [48][ỉl] · mlk dyknnh yṣḥ
[49][ʾ]šrt wbnh ỉlt wṣbrt [50][ʾ]ryh
wn ỉn bt lbʿl [51]km ỉlm wḥẓr kbn[f] ʾšrt
[52]mšb · ỉl · mẓll bnh[g]
[53]mšb · rbt ʾšrt ym
[54]mšb klt knyt
[55]mšb pdry bt · ʾr [56]mẓll · ṭly · bt · rb
[57]mšb · ʾrṣ · bt · yʿb · dr
[58]wyʿn · lṭpn · ỉl · dpỉd
[59]pʿbd ʾn ʿnn ʾšrt [60]pʿbd ʾnk ʾḫd · ủlš
[61]hm ʾmt ʾšrt tlbn [62]lbnt
ybn · bt lbʿl

Kol. V.

[63]km · ỉlm wḥẓr kbn ʾšrt
[64]wtʿn rbt ʾšrt · ym
[65]rbt ỉlm lḥkmt [66]šbt dqnk ltsrk [67]rḫntt d- | lỉrtk
[68]wnʾp ʿdn mṭrh [69]bʿl yʿdn ʿdn š*k*t bglš
[70]w⟨y⟩tn qlh bʿrpt [71]šrh lʾrṣ brqm
[72]bt ʾrzm ykllnh [84]hm bt lbnt yʿmsnh
[74]lyrgm lʾlỉyn · bʿl
[75]ṣḥ ḫrn b · bhtk [76]ʿšbt bqrb hklk
[77]tblk xrm mỉd ksp [78]gbʿm mḥmd ḫrṣ
[79]yblk ủdr ỉlqṣm
[80]wbn bht ksp wḫrṣ [81]bht ṭhrm ỉqnỉm
[82]šmḫ btlt ʿnt tdʿṣ [83]pʿnm wtr ʾrṣ

---

[e] Vgl. *dʿlnk* A* II 12. [f] *bn* = בני, vgl A V 1. [g] Vgl. I 13 ff.

[84]ʒdk lttn pnm [85]ʿm bʿl mrym ṣpn [86]bʾlp šd rbt kmn[a]
[87]ṣḥq btlt ʿnt · tšʒ [88]gh wtṣḥ
tbšr · bʿl [89]bšrtk yblt
y[b]n[b] [90]bt lk km ʾḫk wḥṣ̄r [91]km ʾryk
ṣḥ ḫrn [92]b · bhtk ʿšbt bqrb [93]hklk
tblk xrm [94]mʒd ksp gbʿm mḥmd [95]ḫrṣ
wbn bht ksp [96]wḫrṣ bht ṭhrm [97]ʒqnʒm
šmḫ ʾlʒyn [98]bʿl
ṣḥ ḫrn bbhth [99]ʿšbt bqrb hklh
[100]yblnn · xrm mʒd ksp [101]gbʿm mḥmd ḫrṣ
[102]yblnn ʒdr · ʒlqṣm
yʾkl · kŝr wḫss

---

[104]wŝb[c]· lmspr ‖ ktlʾkn [105]xlmm

---

[106]ʾḫr mxy kŝr wḫss
[107]št ʾlp qdmh mrʾ [108]wtk pnh tʿdb ksʒ
[109]wyŝŝb lymn ʾlʒyn [110]bʿl ʿd lḥm š[ty ʒlm][d]
[111][w]yʿn ʾ[lʒyn bʿl]
[112]- - - b - - - - - - - - - -
[113][ḥ]š bhtm w - - - - - - [114]ḥš rmm hk[lm]
[115]ḥš bhtm tbn̥ [116]ḥš trmm h[klm]
[117]btk ṣrrt ṣpn [118]ʾlp šd · ʾḫd · bt [119]rbt kmn hkl[e]
[120][w]yn kŝr wḫss
[121]šmʿ lʾlʒyn · bʿl [122]bn[f] lrkb ʿrpt
[123]bl ʾšt ʒrbt bbh[tm] [124]ḥln bqrb hklm
[125]wyʿn ʾlʒyn · bʿl
[126]ʾl tšt ʒrbt b[bhtm [127]ḥln] bqrb hk[lm]

(Lücke von 2—3 Zeilen)

V. [a]Vgl. V 118 und VIII 25. [b]Vgl. Z. 62. [c]Die durch Striche eingeschlossene Stelle ist eine Anweisung für den Schreiber oder den Rezitator. Vgl. 2 27. [d]Ergänzt nach VI 55. [e]Vgl. V 86 und VIII 25, wo *ʾḫd bt* und *hkl* fehlt. [f] = בין (Dussaud).

Kol. VI.

1 wyˁn k[ŝr wḫs]s
2 tŝb bˁl l[hwty] 3 ŝn rgm k[ŝr w]ḫss
4 šmˁ mˁ · l[ɔlȝy]n bˁl
5 bl ɔšt ʒ]rbt] bbhtm 6 ḥln bqr[b hk]lm
7 w ˁn[a] ɔlȝyn bˁl
8 ɔl tšt ʒ[rb]t bbhtm 9 ḥln bq[rb hk]lm
10 ɔl t(d/ʒ) - - - - bt ɔr 11 -hṭ - - - bt rb[b]
12 - - - - - [m]dd ȝlym 13 - - - - - - [q]lṣn wpŝm[c] 14 - - - -
wyˁn kŝr 15 [wḫss]
tŝb bˁl lhwty 16 - - - bhth tbnn 17 - - trmm hklh
18 y[tl]*k* llbnn wˁṣh 19 l[šr]yn[d] mḥmd ɔrzh
20 h - - [l]bnn wˁṣḥ 21 š[r]yn[d] mḥmd ɔrzh
22 tšt ȝšt bbhtm 23 nb[l]ɔt bhklm
24 hn ym wŝn tȝkl 25 ȝšt[e] bbhtm nblɔt 26 bhklm
ŝlŝ rbˁ · ym 27 tȝkl ȝšt bbhtm 28 nblɔt bhklm
29 ḫmš ŝ[d]ŝ ym tȝkl 30 ȝšt [b]bhtm · nblɔt 31 b[qrb hk]lm
mk 32 bšbˁ ym td ȝšt[f] 33 bbhtm n[bl]ɔt bhklm
34 sb ksp lrqm ḫrṣ 35 nsb llbnt
šmḫ 36 ɔlȝyn bˁl
htybnt[g] 37 dt ksp hkly · dtm 38 ḫrṣ ˁdbt
bht[*h bˁ*]l 39 yˁdb hd ˁdb - - - t 40 hklh
ṭbḫ ɔlpm [ɔp] 41 ṣȝn šql ŝrm [wm]r 42 ȝɔ ȝl⟨m⟩
ˁglm d[t] 43 šnt ȝmr qmṣ [ll]ȝm
44 ṣḥ ɔḫh bbhth ɔ[r]yh 45 bqrb hklh ṣḥ 46 šbˁm bn ɔŝrt
47 špq ȝlm krm y[n] 48 špq ȝlht ḫprt [yn]
49 špq ȝlm ɔlpm y[n] 50 špq ȝlht ɔrḫt[h] [yn]
51 špq ȝlm kḥŝm yn 52 špq ȝlht ksɔt [yn]
53 špq ȝlm rḥbt yn 54 špq ȝlht dkrt [yn]

VI. [a] Vir. *w⟨y⟩ˁn*, vgl. jedoch zu A II 13. [b] Zu *bt ɔr* und *bt rb* vgl. I 17, 18. [c] Vgl. III 12, 13. [d] שִׁרְיוֹן, der „sidonische" Name des Hermon. [e] „Es fraß das Feuer". [f] „Es erlosch das Feuer". [g] Ginsberg schlägt vor: *bhty bnt*. [h] *ɔrḫt*

[55]ʿd lḥm šty ɜlm [56]wpq mrxšm šd - -
[57]bḫrb mlḥt qṣ [mr][58]ʒ[1]
tšty krp[nm y]n[1] [59][*b ks ḫrṣ dm* ʿ*ṣm*][1]
(Lücke von etwa 8 Zeilen, die Zeilen 60, 61, 62 endigen auf -n, -t, -š).

Kol. VII.

- - - - - - - - - qnɜ[m] [2]- - - - - - - ʾlɜyn bʿl
[3]- - - - - - - k mdd · ɜl [4]y - - - - - - lṣr qdqdh
[5]ɜl - - - - - ḥq bxr [6]km y - - - ɜlm bṣpn
[7]ʿdr l - - - ʿrm [8]šb l*pd*[*r*] *pdrm*[a]
[9]šš lššm ʾḫd ʿr[b] [10]šbʿm šbʿ pdr
[11]šmnym bʿl m[rym]
[12]tšʿm bʿl mr[ym] [13]b - - - *b* bʿl bqr[b] [14]bt
wyʿn ʾlɜyn [15]bʿl
ʾštm kšr · bn [16]ym [k]šr bnm ʿdt
[17]ypth ḥln bbhtm [18]ʒrbt bqrb hkl[19]m
w[yp]tḥ bdqt ʿrpt [20]ʿl p[- -] kšr wḫss
[21]ṣḥq kšr wḫss [22]yšʒ gh wyṣḥ
[23]lrgmt ɜk lʾlɜ[24]yn bʿl t[š]bn bʿl [25]lhwty
ypth ḥ[26]ln bbhtm ʒrbt [27]bqrb hk[lm]
[yp]tḥ [28]bʿl bdqt [ʿrp]t [29]qlh qdš bʿ[l y]tn
[30]yšny bʿl ṣ - - *p*th [31]qlh q[dš]- ꞉ r ʾrṣ
[32]- - - - - - - xrm ʾḫšn
[33]rtq - - - - - - - [34]qdmym bmt ı ʾ - - - -
[35]ṭṭn ɜb bʿl (ʾ/t)ɜḫd [36]yʿrm šnʒ hd gpt [37]xr
wyʿn ʾlɜyn [38]bʿl
ɜb hdt lm tḫš [39]lm tḫš nšq dmrm
[40]ʿn bʿl qdm ydh [41]ktxś ʾrz bymnh [42]bkm yšb bʿl lbhth
[43]ʒmlk ʒblmlk [44]ʾrṣ drkt · yštkn [45]dll
ʾl ɜlʾk lbn [46]ɜlm mt ʿdd · lydd [47]ɜl xzr
yqrʾ mt [48]bnpšh ystrn · ydd [49]bgngnh

„Kühe", vgl. A II 6. [1]Ergänzt nach IV 37 und III 43.

VII. [a]*pdrm* auch 34_{4}, 7_{11}. [b]ʿr auch 2_{26}.

ʾḥdy dym[50]lk ʿl ỉlm lymrủ [51]ỉlm wnšm
dyšb[52][ʿ] hmlt ʾrṣ[c]
gm lx[53][lm]h[d] bʿl kyṣḥ ʿn [54][gpn] wủgr bxlmt[e]
[55][ʿmmy]m[f] bn ṣ̄lmt r[56][mt prʿt] ỉbr · [*m*]nt
[57][*ṣḥrrm ḥbl* - - ʿ]rpt
[58][tḥt] - - - - - - ḥt - - - - - - - - - - - - - - m
(Lücke von etwa 6 Zeilen)

Kol. VIII.

[1]ỉdk[a] ʾl ttn pnm [2]ʿm xr trxzz
[3]ʿm xr ŝrmg [4]ʿm tlm xṣr ʾrṣ
[5]ŝʾ xr ʿl ydm [6]ḫlb lṣ̄r rḥtm
[7]wrd bt · ḫpŝt [8]ʾrṣ tspr by[9]rdm ʾrṣ
[10]ỉdk[b] ʾl ttn [11]pnm
tk qrth [12]hmry mk ksủ [13]ŝbth ı y[c] ı
ʾrṣ [14]nḥlth wnxr [15]ʿ(n/t)n ỉlm
ʾl [16]tqrb[d] lbn ỉlm [17]mt
ʾl yʿdbkm[d] [18]kỉmr bph [19]kllỉ bŝbrn[20]qnh tḫtʾn
[21]nrt ỉlm špš [22]ṣḥrrt lʾ [23]šmm byd md[24]d ỉlm mt
bʾ[25]lp šd rbt k[26]mn lpʿn mt [27]hbr wql
[28]tšthwy wk[29]bd · hwt
wrgm [30]lbn ỉlm mt [31]ŝny lydd [32]ỉl xzr
tḥm [33]ʾlỉyn bʿl [34][hw]t ʾlỉy q[35][rdm]
bhty · bnt[e] [37][*dt ksp hkl*]y [38]- - - - - - - ʾḫy
[39]- - - - - - - - ʾḫy [40]- - - - - - - - y
[41]- - - - - - - - *k*b [42]- - - - - - - - *l*ḥt [43]- - - - - - - - - t
[44]- - - - - - - - ỉlm [45]- - - - -ủyd
[46]- - - - - - - k [47]- - - [gpn] w ủgr
Rand: [spr[f] ỉlmlk ŝ]ʿy nqmd mlk ủgrt

---

[c] A II 18: *npš hmt ʾrs.* [d] Ergänzt nach Fragment b. [e] Fragm. b 7: *bn xlmt .* [f] *ʿmm · ym?* [g] Fragm. b 10: *ṣḥrrm ḥbl* - - zwischen *ỉbr* und *ʿrpt.*

VIII. [a] Vgl. A* V 11 ff. [b] Vgl. A* II 13 ff. [c] Gemeint wohl *ŝbty*, wie in der Parallelstelle A* II 16 steht. Der Schreiber hat vergessen, das *h* zu tilgen (Virolleaud). [d] Vgl. A II 22 ff. [e] Zeile 36 fehlt. [f] Vgl. A VI 53—56.

Fragment b.

Gefunden 1931, veröffentlicht Syria XIII 158. Von einer sechskolumnigen Tafel stammend, wichtig für die Ergänzung von B VII 53 ff.

1[ȝ]k mgn rbt ›ŝrt 2[ym], mxṣ̄ qnyt ȝlm[a]
3-ttn bt lb‹l km 4[ȝ]lm wḥṣ̄r kbn 5›ŝrt[b]
gm[c] lxlmh 6b‹l yṣḥ, ‹n gpn 7wʒgr bn xlmt
8‹mmym bn ṣ̄lm[t] 9rmt pr‹t ȝbr
10ṣẖrrm ḥbl - ̥ 11‹rpt tḥt - - -
12m‹ṣrm ḥ[t] - - - 13glŝ ȝsr - - -
14m br*t* - - - - - 15ymt - - - - - 16ǧȝ - - - - - - - 17m

Tafel Ca.

1- - - - - - - - - - - - - - - y*d*(ẖ/y)tt m*tt* - -
- - - - ḥy - - - - l›šṣȝ hm ›p ›mr ̥ ̥
- - - - - · wḅym mnẖ · l›bd, bym ȝrtm m - -
4[ŝpt] nbr tl‹m ŝm · ḥrbm ȝts · ›nšq 5*bh*tm
l›rṣ ypl (ʒ/d)lny wl ‹pr ‹ṣ̄m ›y[a]
6[b]ph rgm lyṣ›, bšpth hwth
wttn · gh yxr 7tḥt · ksȝ zbl · ym ·
w‹n[b] kŝr wẖss
lrgmt 8lk lzbl b‹l, ŝnt lrkb ‹rpt
ht ȝbk[c] 9b‹lm
ht ȝbk tmẖṣ
ht tṣmt · ṣrtk
10tqḥ mlk ‹lmk, drkt · dt · drdrk[d]

---

b. [a]Zu Z. 1, 2 vgl. B I 22, 23. [b]Zu Z. 3—5 vgl. B IV 50, 51. [c]Zu Z. 5 ff. vgl. B VII 52 ff.

Ca. [a]Vgl. D I 24. [b]Vir. *w⟨y⟩‹n*, vgl. jedoch zu A II 13. [c]*ȝb* auch B VII 35. 38. Ginsberg verweist auf Ps 92 10: כי הנה איביך יהוה כי הנה איביך יאבדו [d]Vgl. *dr dr* B III 7 und

[11]kŝr · ṣmdm ynḥt wypʿr šmthm
šmk · ɔt [12]ygrš ygrš
grš · ym · grš · ym · lksȝh
[13][n]hr · lkḥŝ · drkth
trtqṣ · bd[e] · bʿl · km · nš[14]r · b}ṣbʿth
hlm ktp · zbl ym, bn · ydm[f] [15][ŝ]pt nhr
yrtqṣ ṣmd bd · bʿl km nšr [16]b[}]ṣbʿth
ylm[g] ktp · zbl · ym, bn · ydm ŝpt [17]nhr ·
ʿz ym · lymk
ltnxṣn · pnth[h], lydlp [18]tmnh
kŝr · ṣmdm · ynḥt wypʿr šmthm
[19]šmk ɔt ɔymr ɔymr
mr ym mr · ym [20]lksȝh
nhr · lkḥŝ · drkth
trtqṣ [21]bd · bʿl km nšr · b}ṣbʿth
hlm qdq[22]d · zbl · ym, bn ʿnm[i] ŝpt nhr
yprsḥ[j] · ym [23]wyql[k] lɔrṣ
wyrtqṣ ṣmd · bd · bʿl · [24]k[m] nšr b}ṣbʿth
ylm qdqd zbl [25][ym], bn ʿnm ŝpt nhr
yprsḥ ym, yql [26]lɔrṣ
tnxṣn pnth wydlp tmnh
[27]yqŝ · bʿl wyšt ym
ykly · ŝpt nhr ⸗ ⸗ ⸗
[28]bšm tgʿrm ʿŝtrt[l]
bŝ · lɔlȝyn [bʿl][m], [29]bŝ lrkb ʿrpt
kšbyn z[bl ym *k*][30]šbyn ŝpt nhr
wyṣɔ · b - - - - - - -
[31]ybŝ nn[n] ɔlȝyn bʿl w - - - - - - - - -

Dan 3_{33}: מלכותה מלכות עלם ושלטנה עם דר ודר. [e] *bd* = ביד. Vgl. B I 25, 60_8. [f] *bn ydm* also = *ktp*, vgl. Sach. 13_6. [g] *ylm* zu *hlm* wie ילך zu הלך. [h] Vgl. *txṣ* [*pnt kslh*] B II 19. [i] *bn ʿnm* also = *qdqd*, vgl Ex 13_9 u. a. [j] Vgl. akkad. *ippalsiḫ*, *ipparsiḫ* „sank nieder“ (Virolleaud). [k] Vgl. *thbr wtql* A I 37, *Mt ql Bʿl ql* A VI 21. [l] Vgl. zu B II 13. [m] A* II 11. 19: *bhŝ lbn ȝlm Mt* [n] Vgl. *št nnh* 54_{18}, *štʿ nn* A* II 7.

[32]ym lmt bʿlm · yml[k] - - - - - - - - - -
[33]ḥm lšrr w[*ybŝnn rkb ʿrpt w*][34]yʿn
ym lmt [*bʿlm ymlk*] - - - - - - -
[ḥm] [35]lšrr
wtʿ[n *ʿŝtrt*] - - - - - - - - - -
[36]bʿlm hmt ı [ ]
[37]lšrr š[ ]
[38]brʃšh ı [ ]
[39]*yd*h mš[ ]
[40]-n ʿnh[ ]

Tafel D.

Tafel in zwei Kolumnen, die zweite sehr eng beschrieben, der obere Teil fehlt. Gefunden 1930, veröffentlicht Syria XVI 247—266: Les Chasses de Baal.

Kol. I.

[1][ ]
[2][ ]
[3]- - - - - - - -d · ʾrṣ
[4]- - - - - - - -ln
[5]- - - -nbhn
[6]- - - -kn
[7]- - - -rn km š
[8]- -ltn km qdm
[9][*tk*]bdn ʒl ʾbn
[10]kbd · kʒš tʒkln [11]ŝdn km *m*rm tqrṣn
[12]ʒl yṣḥq bm [13]lb wygmś bm · kbd
[14]ṣ̄ʃ ʾt ltlš [15]ʾmt yrḫ
[16]*l*dmgy ʾmt [17]ʾŝrt[a]
qḥ [18]ksʾnk ḥdgk [19]ḥtlk

I. [a]B IV 61: *ʾmt ʾŝrt tlbn lbnt.*

wṣ̄ꜣ [20]bʾln
tkm [21]btk mdbr [22]ꜣlš .[b]
ꜣy [23]kry · ʾmt
[24]ʿpr ʿṣ̄m[c] · yd [25]ʒgrm
ḫ̮l ld [26]ʾklm tbrkk
[27]wld · ʿqqm
[28]ꜣlm · ypʿr [29]šmthm[d]
[30]bhm · qrnm [31]km ŝrm
wgbŝt [32]km ꜣbrm
[33]wbhm pn bʿl
[34]bʿl · ytlk · wyṣd[e]
[35]yḥ[f] · pʾt mdbr[i]
[36](k/w)n[g] ymxy ʾklm
[37]wymṣ̄ʾ ʿqqm
[38]bʿl ḥmdm yḥmdm
[39]bn · dgn yhrrm
[40]bʿl ngŝhm[h] bpʿnh
[41]w ꜣl · hd bḫ̮rṣ̄ʿh

Kol. II.

[1][[a]
[2][
[3]- -ꜣn[
[4]pnm [
[5]bʿl n[*gŝhm bpʿnh*][b]
ꜣl hd [*bḫ̮rṣʿh*]
ʾt bl · [ʾt[c]

---

[b] 60_{65}: *ʿdbtk mdbr qdŝ* [c] Ca 5: *wl ʿpr ʿṣ̄m*, A* II 5: *wpr ʿṣm*. [d] Ca 11: *kŝr ṣmdm ynḥt wypʿr šmthm*. [e] Zu *ytlk wyṣd* vgl. $60_{16.\ 67-68}$, A* VI 26, A II 15. [f] Vgl. arab. *naḥā* „begab sich". [g] Vgl. *wn* B IV 50. 68. [h] *ngŝ* auch A II 6, 27. [i] Vgl. 60_{68}.

II. [a] Die Zeilen enthielten 9—14 Buchstaben. [b] Vgl. I 40, 41. [c] Vgl. Z. 24.

ḥmdm | [
ʒl hr[*r*
kb [
ym | [
yṣḥ[
yʒkl [
km s[
q [
t [
[
[
b [
wb [
bʿl | [*ngšhm bpʿnh*][d]
ʒl hd b[*ḫrṣʿh*]
ʾt bl ʾt | [
yʒsp hm b[ʿl
bn dgn [
ʿśbm | [
ʒḫry l[
mṣt ksh | [
ʒdm ʾdr [
ʒdm ʿrṣ̄[e] q[f] [
ʿn bʿl ʾ[
ṣrh ʾḫś*k* ś[
pʿn bʿl ʾḫś[
wlmt xllm [
ʾḫś ʾklm k[
npl bmšmš[g] [
ʾnpnm yḫr[*r*
bmtnm yšḫn
qrnh km xb[

---

[d] Vgl. I 40, 41. [e] Vgl. *ʿštr ʿrṣ̄* A I 54ff. [f] Oder *tʿ* zu lesen? [g] Vgl. Z. 56: *btk mšmš*.

hw · km ḥrr[
šnmtm dbṭ[
trʿ trʿn ʾ[
bnt šdm ṣḥr[*rt*[h]
45 šbʿ šnt ȝl mlʾ[
wŝmn nqpnt ʿd[[m]
klbš km · lpš[i] dm · ʾ[ḫh]
km ʾll dm ʾryh
kšbʿt lšbʿm ʾḫh ym -̥
50 wŝmnt lŝmnym[j]
šr ʾḫyh mṣ̄ʾh
wmṣ̄ʾh šr ylyh
53 bskn[k] sknm bʿdn 54 ʿdnm
kn npl bʿl - - 55 km · ŝr
wtkms hd p-̥ -̥ 56 km · ȝbr ·
btk mšmš · d*š* -̥
57 ȝttpq lʾwl
58 ȝšttk lm *t*t*k*n
59 štk mlk dn 60 štk šȝbt[l] ʿn
61 štk qr bt · ȝl
62 wmṣlt bt ḥrš -̥

Nr. 65.

Kegelförmige Verschlußmarken (étiquettes), gefunden 1933, beschrieben von Schaeffer in Syria XV 118 f., veröffentlicht S. 134 f. von Virolleaud.

A. ʿšr 2 *rŝt* 3 - - š · ʿšr 4 - -
B. kd · yn[a] 2 lprŝ[b]

---

[h] *ṣḥrrt* 60_{45}, A II 24, B VIII 22. [i] *lpš* neben *ʾll* auch A II 10, 11. [j] Vgl. A* V 21. [k] Zu *skn* vgl. 61 A. [l] Vgl *šʾbn* A I 66. [m] Vgl. 60_{67}: *ŝmn nqpt ʿd ȝlm nʿmm.*

65. [a] Vgl. 3_{23}: *kdm yn pr* [. [b] Wohl fremder Ortsname mit -*ŝ* als Endung (Virolleaud).

Nr. 66.

Bruchstück aus dem Fund von 1933 mit folgenden Besonderheiten: Die Schrift läuft von rechts nach links, wobei auch die Zeichen sich umkehren wie bei der Spiegelschrift. Der Trenner ist besonders lang und nimmt fast die ganze Höhe der durch Striche abgeteilten Zeilen ein, außerdem erscheinen runde Vertiefungen, die vielleicht Abkürzungen andeuten sollen. Einige Zeichen haben merkwürdige Formen. Syria XV 103.

ʿbdr[a] • | bʿ[
b • • ʿ • r • - n | r[
pbn[b] | btb[
bḫ*m*[c] • ʿ • r[
bḫ*m* • ʿ • r[
- - - - - [
- - - - (b/d)y[
*w*bnʿṭl | [
ypnknʿ*m*[
ʾḫ*m*nbt (b/d)[
bḫ*m* • ʿ • r • *m* (ʾ/n)[

Nr. 67.

Bruchstück aus dem Fund von 1934. Auf dem Henkel eines Kruges aus Mīnet el-baida, dem alten Hafen von Ras Schamra, aus dem bisher nur ein Siegelzylinder mit der Aufschrift *Ṣdqn* bekannt geworden ist (Syria X 308 Note 1). Dieselben Besonderheiten der Schrift wie Nr. 66. Syria XVI 186 f.

] ttmrydb[
]y | brkn · b[ʿ*l*
]ybrk · bʿl · p[
]bm • kḫtm[a] | l[
](b/d)ymktmṣ̄*k*[

Beile mit Aufschrift.

Gefunden 1929, veröffentlicht Syria X, Pl. LX (bei S. 296).

Auf einem Beil: ḫrṣn · rb · khnm
Auf vier anderen: rb · khnm

---

66. [a] Vgl. B I 19: *yʿb dr*. [b] *pbn* auch $4_{30.\ 60}$. [c] Zwei schräg gestellte Keile, so auch im Folgenden.

67. [a] kḫtm „als Siegel“.

Zeichenliste.

1.  = ʾ
2.  = ʾ
3.  = ʾ
4.  = b
5.  = g
6.  = d
7.  = h
8. 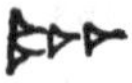 = w
9.  = z
10.  = ḥ
11.  = ḫ
12.  = ṭ
13.  = y
14.  = k
15.  = l
16.  = m
17.  = n
18.  = s
19.  = s̄
20.  = ʿ
21.  = p
22.  = ṣ
23.  = ṣ̄
24.  = q
25.  = r
26.  = š;  = ś
27.  = ŝ
28.  = t
29.  = x

Bemerkungen zur Zeichenliste.

Nr. 1—3. Die Zeichen ʾ ỉ ủ sind grundsätzlich vokalhaltig und entsprechen für gewöhnlich einem ʾ*a*, ʾ*i*, ʾ*u*, also ʾ*ḫ* = ʾ*aḫ*- „Bruder", ỉ*rt* = ʾ*irt*- „Brust", ủ*grt* = ʾUgarit, der alte Name von Ras Schamra. Da jedoch für vokalloses א kein besonderes Zeichen existiert, so muß auch in Fällen wie *raʾš* „Kopf", *yaʾḫud* „er nahm" eines dieser drei Zeichen gewählt werden, man schreibt *r*ỉ*š*, *y*ʾ*ḫd*, *y*ỉ*ḫd* oder *y*ủ*ḫd*. Auch scheint manchmal ủ für ʾ*i* gebraucht zu werden, wie in ủ*šḫr*, doch wohl Išḫara. Die Frage bedarf noch der Klärung durch weiteres Material.

Nr. 19. Der Lautwert dieses Zeichens ist phonetisch mit Nr. 18 völlig identisch, es findet sich nur je einmal in den Tafeln 1, 12, 33, öfters in Nr. 53 und 54 zur Schreibung von *s̀sw* „Pferd", und zweimal in Nr. 56.

Nr. 20, vgl. die Vorbemerkung zu Tafel 4 und 55.

Nr. 23. Viel seltener als *ṣ*, scheint meist arabischem *ẓ*, manchmal arab. *ḍ* zu entsprechen.

Nr. 26. Das zweikeilige Zeichen ist wohl nur eine graphische Variante des dreikeiligen. Es findet sich besonders in den ḫurritischen Texten, in den semitischen scheint es (zufällig?) immer dem שׂ zu entsprechen, weshalb es hier vorläufig durch *ś* umschrieben wird. In weitaus den meisten Fällen steht aber auch für שׂ das dreikeilige Zeichen, d. h. שׂ und שׁ sind hier wie im Akkadischen zusammengefallen.

Zu Nr. 27. *ś* entspricht in den semitischen Texten etymologisch einem arabischen ث. Da jedoch ḫurritische Namen, wie die Gottheiten *śmg* und *ʾśtb*, in babyl. Keilschrift als *Šimegi*, *Aštabi* erscheinen, so muß *ś* ein dem *š* verwandter Laut, nicht arab. ث (*ṯ*) gewesen sein.

Zu Nr. 29. Lautwert noch nicht gesichert. Entspricht öfters einem arab. *ġ*, vereinzelt aber auch arab. ʿ, *ḍ* oder *ẓ*. Hier vorläufig als *x* wiedergegeben.

Im Anschluß an meine Ausführungen in Alphabet von Ras Schamra, S. 33 f. sei hier nochmals mit Nachdruck darauf hingewiesen, daß die Existenz der drei Aleph-Zeichen sich nur daraus erklärt, daß dieses Alphabet ursprünglich für eine nichtsemitische Sprache (wohl die in Nr. 4, 7 usw. vorliegende) erfunden und dem Semitischen erst nachträglich angepaßt wurde. Ein Semit, für den der Laut ʾ ein Konsonant ist wie alle anderen, hätte ohne Zweifel *ʾa*, *ʾi*, *ʾu* mit einem und demselben Zeichen geschrieben, genau so wie er es bei *ha*, *hi*, *hu* usw. tat. Nehmen wir hingegen an, ein Ḫurrit, dem der Laut ʾ fehlte, wollte *Alašia*, *Ištar*, *Ugarit* schreiben, so war er entweder genötigt, das anlautende *a*, *i*, *u* unausgedrückt[1]) zu lassen (also *lšy*, *štr*, *grt* zu schreiben) oder dafür drei verschiedene Zeichen zu schaffen. Unser Schrifterfinder hat glücklicher Weise den zweiten Weg gewählt. Die Semiten

[1]) Dies ist tatsächlich in der alt-libyschen (alt-berberischen) Schrift der Fall, die nach dem Vorbild der semitischen geschaffen ist. So werden in der zweisprachigen Massinissa-Inschrift (veröffentlicht von Lidzbarski in den Sitzungsberichten der Berliner Akademie 1913, S. 296—304) die Personennamen ארש, אנכן, אפשן usw. im Libyschen nur als *rš*, *nkn*, *pšn* usw. geschrieben. Genau so ist es beim modernen Tifinagh, wo z. B. *ms* = *ammas* „Mittelpunkt“, *mr* = *emmir* „ich bin gestorben“, *gtn* = *igguten* „zahlreich“, *ḍn* = *uḍan* „verlieren“ (die Beispiele nach R. Basset, Études sur les dialectes berbères).

hätten nun bei der Übernahme der Schrift, da sie ja ›*Alašia*, ›*Ištar*, ›*Ugarit* mit › sprachen, die Dreiheit der Zeichen beseitigen und für den einheitlichen Laut › ein einheitliches Zeichen schaffen sollen. Auf einen solchen Gedanken sind die Semiten jedoch nicht gekommen, sondern sie haben die drei Zeichen, die nunmehr für sie nicht *a*, *i*, *u*, sondern ›*a*, ›*i*, ›*u* bedeuteten, brav beibehalten, obwohl sie mit dem Prinzip der reinen Konsonantenschreibung im Widerspruch stehen. Es sind sozusagen die Eierschalen, die diesem Alphabet als Zeugen seiner fremden Herkunft noch anhaften. Man versteht nun auch, warum für vokalloses › wie in *ya›ḫud* kein besonderes Zeichen existiert[1]), sodaß es durch ›*a*, ›*i* oder ›*u* ausgedrückt werden muß. — Wie die drei Aleph-Zeichen, so sprechen auch die beiden *s*-Zeichen, die ursprünglich doch wohl zwei verschiedene, wenn auch verwandte Laute meinten, die aber vom Semitischen aus ganz unverständlich sind, für fremde Herkunft des Alphabets.

---

[1]) Die Transkription durch einen Vokal muß aber in solchen Fällen irreführend wirken, weshalb hier die Bezeichnung › ꜣ ꜥ gewählt wurde. Auch das ꜥ in Erzählungsformen wie *wtb*ꜥ „und sie kam" (A I 35), *tš*ꜥ *gh* „sie erhob ihre Stimme" (A I 38) ist wohl ebensowenig ein ›*u* wie das ꜥ von *y*ꜥ*ḫd*, *y*ꜥ*hb*, sondern gleichfalls vokallos: *wa(t)tabā'*, *yišša'*. Damit werden auch alle aus der falschen Lesung *wa(t)tabā'u yišša'u* gezogenen Schlüsse hinfällig. Dagegen wäre sehr zu erwägen, ob Präsensformen wie *mh t'ršn* „was willst du (fem.)?" (A II 14) oder *kyr'š wy'hp* „wenn (das Pferd). . . ." (53 R 1) wirklich den Typus *ya'ḫud* (S. 65) darstellen oder ob hier nicht vielmehr ein dem akkadischen *ikašad* entsprechendes Präsens *ya'aḫad* vorliegt (vgl. Alphabet von Ras Schamra, S. 67ff.), etwa *mah ta'arašīna*, *waya'ahap(u)*. Diese Frage ist von entscheidender Bedeutung für die richtige Einsicht in das Tempussystem der neuen Sprache. Sie kann jedoch erst auf Grund weiterer Materials beantwortet werden.

Einige Besonderheiten des Vokabulars.

ỉdk „dann" (arab. *iḏāka*, hebr. אָז).

ảḫd „fassen" (hebr. אחז).

ảpnk „daraufhin" oder ähnlich (vgl. das in den Amarnabriefen sehr häufige *ap-pu-na*).

ỉṣbʿt Pl. „Finger".

ỉrbt „Fenster" (hebr. אֲרֻבָּה).

ảrḫ „Kuh" (akk. *arḫu*).

ảry, parallel zu *ảḫ* „Bruder".

ỉrt „Brust" (akk. *irtu*).

ỉšt „Feuer".

ỉš = hebr. יֵשׁ, aram. אית(י).

bht „Haus", neben *bt*.

bhš „sich schämen" (neben *bš*, vgl. aram. בהת).

bqš „suchen".

bšn „Schlange, Drache" (arab. *baṯan*, hebr. פתן).

g „Stimme".

gdlt = ein „großes" weibliches Opfertier, vgl. *dqt*.

gmn, wohl = hebr. גָּמוּל.

dbḥ „opfern, Opfer" (hebr. זבח).

dqt = ein „kleines" weibliches Opfertier, vgl. *gdlt*.

dry „worfeln" (arab. *ḏarā*).

drkt „Herrschaft".

drʿ „säen", *mdrʿ* „Saatfeld".

hbr „niederfallen" oder ähnlich.

hwt „Rede" oder ähnlich.

hm, *hn* = הִנֵּה.

ḥtk, parallel zu *ảb* „Vater".

ḫš̊r „Wurfschaufel".
ḫbt „berauben" oder ähnlich.
*ḫm*r „Wein" (arab. *ḫamr*).
ḫrṣ „Gold".
ḫt „Szepter" (akk. *ḫattu*).
*ḫt*א „vernichten" oder ähnlich.
yšn „alt".
kbkb(*t*) „Stern".
kḥš̊ „Thron".
l-, auch Vokativpartikel.
lʾk „senden".
lḥm „essen".
*ll*א „Zicklein" (akk. *lalū*).
-*m*, enklitische hervorhebende Partikel wie akk. *ma*.
mgn „gefällig sein" oder ähnlich.
mṭ „Stab" (hebr. מַטֶּה).
-*mʿ* hervorhebende Partikel nach Imperativ, hebr. נא־ entsprechend.
mṣbtm (Dual) „Zange".
mrym „Höhe" (hebr. מָרוֹם).
mxy „gehen" (arab. *maḍā*).
mxmx „mischen" (arab. *maġmaġa*).
nblʾt „Flamme" (akk. *nablu*).
nbt „Honig" (hebr. נפת).
nkš̊ „beißen".
skn „Stele".
ʿṣr „Vogel" (akk. *iṣṣūru*).
pʾmt Pl. „mal" (hebr. פעמים).
pḫr „Gesamtheit" (akk. *puḫru*).
pʿn „Fuß" (hebr. פעם).
ṣbrt „Schar" (vgl. hebr. צִפּוֹר).
ṣḥ „rufen" (arab. *ṣāḥa*).
ql „niederfallen", parallel mit *hbr*.
rgm „sprechen" (vgl. akk. *ragāmu*).
rxb „hungern" (hebr. רעב, arab. *raġiba* „begehren").

**rxš* „saugen“: *mrxšm* (arab. *raġaṯa*).
š „Schaf“ (hebr. שֶׂה).
špš „Sonne“.
šdš „sechster“, *šš* „sechs“, *ššm* „sechzig“.
šlḥn „Tisch“.
šny „wiederholen, sprechen“ (vgl. aram. *tannī*).
šʿy „opfern, darbringen“.
špd „setzen“.
špṭ „richten“, *mšpṭ* „Gericht, Herrschaft“.
tḥm „Weisung, Botschaft“.
xmʾ „dürsten“ (hebr. צמא, arab. *ẓamiʾa*).
xṣy, parallel-identisch mit *mgn*.
xr, parallel mit *gbʿ*.

Zur Interpretation der Texte.

(Von sehr ungleichem Wert, zum Teil überholt).

Zu Nr. 1.

R. Dussaud in Syria XII (1931) 68—73.

Zu Nr. 2.

B. Hrozný in Archiv orientální IV (1932) 169—178.
J. A. Montgomery in Journal of the American Oriental Society (= JAOS) 55 (1935) 89—93.

Zu Nr. 6.

H. L. Ginsberg in תרביץ VI (1935) 102—5.

Zu Nr. 12.

H. Bauer in Zeitschrift der Deutschen Morgenländischen Gesellschaft 84 (1930), 251—54.

Zu Nr. 1—48.

P. (E.) Dhorme in Revue Biblique 40 (1931) 32—56.

Zu Nr. 51.

H. L. Ginsberg und B. Maisler in Journal of the Palestine Oriental Society (= JPOS) XIV (1934) 266—67.

J. Obermann in Journal of biblical Literature LV (1936) 21—42.

Zu Nr. 52.

W. F. Albright in Bulletin of the Palestine Oriental Society (= BASOR) Nr. 54 (1934), 26.

Th. H. Gaster in der Orientalistischen Literaturzeitung (= OLZ) 1935, Sp. 474 f.

H. L. Ginsberg und B. Maisler in JPOS XIV (1934) 243—65 und XV (1935) 181—84.

E. Dhorme in Syria XV (1934) 395 f.

Zu Nr. 55.

H. Bauer in OLZ 1935, Sp. 129 ff.

Zu Nr. 56.

Th. H. Gaster in Syria XVI (1935) 225—27.

R. Dussaud in Syria XVI (1935) 227 f.

Zu Nr. 60.

Albright in JPOS XIV (1934) 133—40.

G. A. Barton in Journal of Biblical Literature 53 (1934), 61—78.

H. Bauer in OLZ 1934, Sp. 205 f.

R. Dussaud in Revue de l'Histoire des Religions CVIII (1933) 5—49 und Syria XVII (1936) 59—66.

Th. H. Gaster in Studi e Materiali di storia delle religioni 1934, 156—64.
H. L. Ginsberg in Journal of the Royal Asiatic Society (= JRAS) (1935), 45—72.
Z. S. Harris in JAOS 54, 80—83.
J. A. Montgomery in JAOS 54 (1934) 64—66.

Zu A.

W. F. Albright in JPOS XII (1932) 185—208 und in BASOR Nr. 46 (1932) 15—19.
D. H. Baneth in OLZ 1932, Sp. 449—451 und Sp. 705 f.
G. A. Barton in JAOS 52 (1932) 221—31.
H. Bauer in OLZ 1934, Sp. 241 ff. und 1935, Sp. 132 f.
Th. H. Gaster in JRAS 1932, 857—96 und 1936, 225—35.
H. L. Ginsberg in תרביץ IV (1932) 106—19.

Zu B.

W. F. Albright in JPOS XIV (1934) 115—30.
G. A. Barton in JAOS 55 (1935) 31—58.
H. Bauer in OLZ 1934, Sp. 244—46.
Th. H. Gaster in JRAS 1934, 677—714 und 1935, 1—44
H. L. Ginsberg in תרביץ V (1933) 85—96.

Zu A und B.

J. Aistleitner in Theologia II (1935), 97—204.
H. A. Ginsberg in תרביץ IV (1933) 387—90.
J. A. Montgomery in JAOS 53 (1933) 97—123 und 54 (1934) 60—64.

Zu C.

R. Dussaud in Syria XVI (1935) 196—204.
H. L. Ginsberg in JPOS XV (1935) 327—33.
J. A. Montgomery in JAOS 55 (1935) 268—77.

Zum Ganzen.

H. Bauer in Zeitschrift für die Alttestamentliche Wissenschaft 51 (1933) 81—101 und 53 (1935) 44—59: Die Gottheiten von Ras Schamra.

R. Dussaud in Revue de l'Histoire des Religions CIV (1931) 353—408: La mythologie phénicienne d'après les tablettes de Ras Shamra. Ibid. CV (1932) 245—302: Le Sanctuaire et les Dieux Phéniciens de Ras Shamra. Ibid. CXI (1935) 5—65: Le mythe de Ba'al et d'Aliyan d'après des documents nouveaux. Ibid. CXIII (1936) 1 ff.: Le vrai nom de Ba'al.

O. Eißfeldt, Baal Zaphon, Zeus Kasios und der Durchzug der Israeliten durchs Meer, Halle 1932.

Berichtigungen und Ergänzungen.

S. 19 in 34_2 lies: *(k/r)dn*.

34_4 lies: *(ḫ/g)ṟ*.

S. 26 Z. 14 lies: Nr. 10_{13}.

S. 37 in II 8 lies: *tbʿ*.

S. 73 Mitte füge ein: Zu A* jetzt H. L. Ginsberg, The Rebellion and Death of Baʿlu, in Orientalia V 161—168.

Max Schmersow, Buchdruckerei für fremde Sprachen, Kirchhain N.-L.

138 CRATIPPI hellenicorum fragmenta oxyrhynchia. In usum scholarum edidit J. H. Lipsius. 35 S. 1916. 1.10

145 CALLIMACHI FRAGMENTA NUPER REPERTA. Edidit R. Pfeiffer. 94 S. 1921. 3.—

149 DIE KLEINEREN HISTORIKERFRAGMENTE AUF PAPYRUS. Bearb. von Fr. Bilabel. 63 S. 1923. 2.—

151 CELSI ALETHEIS LOGOS. Excussit et restituere conatus est Dr. O. Glöckner. XIV, 72 S. 1924. 3.—

158 GORGIAE HELENA. Recognov. et interpretatus est Otto Immisch. VII, 55 S. 1927. 3.—

159 ILIAS HOMERI. (J. B. Rexius 1584). Hrsg. von Richard Newald. 56 S. 1929. 2.20

160 LUCIANI DIALOGI MERETRICII. In usum scholarum edidit Carolus Mras. 56 S. 1929. 4.—

166 AETNA. Herausgegeben von Eduard Schwartz. 34 Seiten. 1933. 2.—

Lateinische Autoren.

69 POETARUM ROMANORUM VETERUM reliquiae selegit E. Diehl. 165 S. Unveränderter Neudruck. 1935. 2.50

71 CICEROS REDE FÜR T. ANNIUS MILO. Mit dem commentar des Asconius und den Bobienser scholien. Hrsg. von P. Wessner 74 S. 1911. 1.20, geb. 2.20

72 DIE VITAE VERGILIANAE und ihre antiken Quellen. Hrsg. von E. Diehl. 60 S. 1911. —.90

80 VERGIL AENEIS II, mit dem commentar des Servius. Hrsg. von E. Diehl. 131 S. 1911. 2.—, geb. 3.—

134 P. VERGILI MARONIS BUCOLICA. Cum auctoribus et imitatoribus in usum scholarum edidit C. Hosius. 64 S. 1915. 2.—, geb. 3.—

147 OCTAVIA PRAETEXTA cum elementis commentarii. Edidit Carolus Hosius. 72 S. 1922. 2.25

154 L. ANNAEI SENECAE divi Claudii apotheosis per saturam quae apocolocyntosis vulgo dicitur. Edidit Otto Rossbach. 18 S. 1926. —.80

Vulgärlatein.

26/28 LATEINISCHE ALTCHRISTLICHE INSCHRIFTEN mit einem anhang jüdischer inschriften. Ausgew. u. erkl. von E. Diehl. 2. Aufl. 86 S. 1913. 2.75

62 VULGÄRLATEINISCHE INSCHRIFTEN. Herausgegeben von E. Diehl. 180 S. 1910. 5.60

143 VULGÄRLATEINISCHES ÜBUNGSBUCH. Herausgegeben von F. Slotty. 65 S. Neudruck. 1929. 2.—

Griechische Inschriften.

115 GRIECH. INSCHRIFTEN Z. GRIECH. STAATENKUNDE, Ausgew. von F. Bleckmann. 79 S. 1913. 2.50

121 HISTORISCHE GRIECHISCHE INSCHRIFTEN bis auf Alexander den Großen. Ausgew. u. erkl. von E. Nachmanson. 60 S. 1913. 1.90

156 HISTORISCHE GRIECHISCHE EPIGRAMME. Hrsg. von Friedr. Freiherrn Hiller v. Gaertringen. 64 S. 1926. 3.40

110 HISTORISCHE ATTISCHE INSCHRIFTEN. Ausgew. u. erkl. von E. Nachmanson. 2. Aufl. 82 S. 1931. 2 60

165 NACHKLASSISCHES GRIECHISCH Von Albert Debrunner 58 S. 1933. 3 50

Lateinische Inschriften.

29/30 RES GESTAE DIVI AUGUSTI. Das Monumentum Ancyranum. Hrsg. u. erkl. von E. Diehl. 6. Aufl. 52 S. 1935. 2 —

38/40 ALTLATEINISCHE INSCHRIFTEN. Hrsg. von E. Diehl. 3. Aufl. 124 S. 1930. 4.80

56 POMPEIANISCHE WANDINSCHRIFTEN UND VERWANDTES. Ausgew. von E. Diehl. 2. Aufl. 60 S. 1931. 3.40

62 VULGÄRLATEINISCHE INSCHRIFTEN. Hrsg. von E. Diehl. 180 S. 1910. 5.60

68 LATEINISCHE SACRALINSCHRIFTEN. Ausgew. von F. Richter. 45 S. 1911. 1.40

Italische Inschriften.

57 ALTITALISCHE INSCHRIFTEN. Ausgew. von Hermann Jacobsohn. 32 Seiten. Neudruck. 1927. 1.—

Papyri und Verwandtes.

14 GRIECHISCHE PAPYRI. Ausgew. u. erkl. von H. Lietzmann. 4. Aufl. 32 S. 1934. 1.—

20 ANTIKE FLUCHTAFELN. Hrsg. u. erkl. von Rich. Wünsch. 2. Aufl. 31 S. 1912. —.50

65 AUS DER ANTIKEN SCHULE. Sammlung griechischer texte auf papyrus, holztafeln, ostraka. Ausgew. u. erkl. von E. Ziebarth. 2. Aufl. 33 S. 1913. 1.—

84 AUS EINEM GRIECHISCHEN ZAUBERPAPYRUS. Von Richard Wünsch. 31 S. 1911. 1.—

133 LAMELLAE AVREAE ORPHICAE. Edidit commentario instruxit Alex. Olivieri. 28 S. 1915. —.90

Konsullisten.

41/43 FASTI CONSULARES IMPERII ROMANI (30 v. Chr bis 565 n. Chr). Mit Kaiserliste und Anhang. Bearb. von W. Liebenam. 128 S. 1909. 4.—, geb. 5 —

FSC
www.fsc.org
MIX
Papier | Fördert gute Waldnutzung
FSC® C083411

Kolibri 360 GmbH
Ferdinand-Jühlke-Straße 7
99095 Erfurt, Deutschland
produktsicherheit@kolibri360.de